L'ARITHMÉTIQUE EN UNE SEULE LEÇON

ou

TABLES

AU MOYEN DESQUELLES ON PEUT,

PAR

L'ADDITION ET LA SOUSTRACTION

SEULEMENT,

EFFECTUER AVEC FACILITÉ ET PROMPTITUDE

TOUTES LES

Opérations de l'Arithmétique Usuelle.

OUVRAGE AUGMENTÉ :

1° D'un procédé pour transformer, à l'aide d'un petit tableau, la Soustraction en Addition; 2° D'un grand tableau pour calculer les intérêts par une simple Multiplication,

PAR

V. DOBELLY,

Auteur de la Démonstration du Postulatum d'Euclide.

CASIMIR THOMAS, Éditeur.

EN VENTE :

Chez tous les LIBRAIRES de la ville de CASTRES.

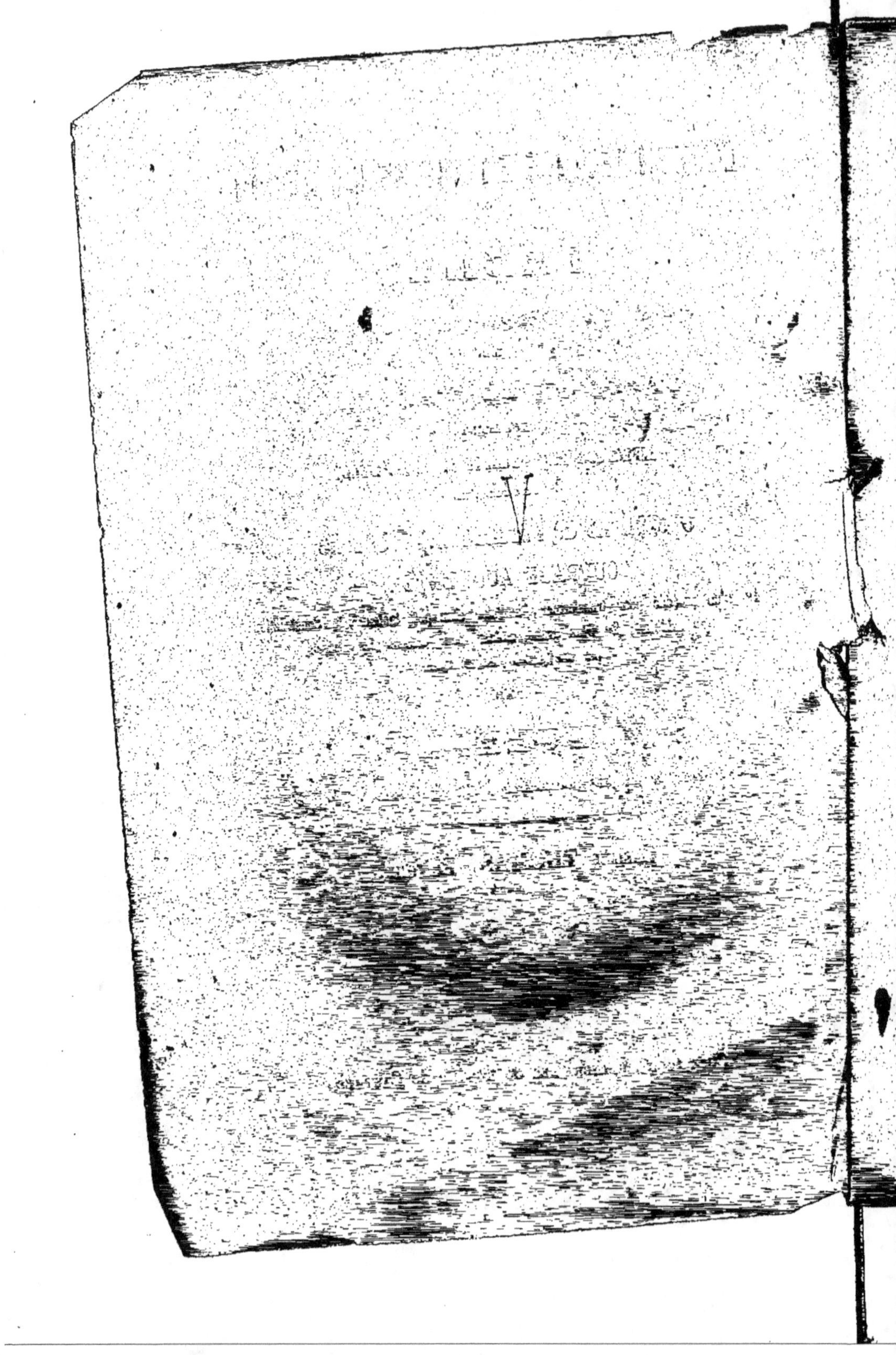

L'ARITHMÉTIQUE EN UNE SEULE LEÇON

TABLES

DES MULTIPLICATIONS OU LIVRET OU BILLET

L'ADDITION ET LA SOUSTRACTION

pour les

POUVANT ... SANS INTERRUPTION

Opérations de l'Arithmétique Usuelle

SUIVIES D'UN APPENDICE

V. DOBELY

PRÉFACE.

Tout le monde connaît l'importance et l'utilité des quatre opérations fondamentales de l'Arithmétique, dont l'usage est si nécessaire, mais souvent si difficile pour un très-grand nombre.

Considérées sous leur point de vue le plus simple, ces opérations sont certainement à la portée des moindres intelligences ; les deux premières surtout, leur deviennent aisément familières, quelles que soient les quantités qu'on ait à ajouter ou à soustraire. Il n'en est pas de même de la Multiplication et de la Division : l'ignorance du livret en arrête plusieurs, et beaucoup d'autres encore manquant de cette sagacité qui fait apercevoir d'un coup-d'œil le contenu d'un dividende, sont bientôt rebutés par l'incertitude du tâtonnement qu'exigent les dividendes partiels.

C'est pour faire disparaître entièrement ces difficultés, souvent insurmontables, que nous avons imaginé ces Tables, au moyen desquelles on peut faire, avec facilité et promptitude, la Multiplication et la Division, sans la connaissance du livret et sans tâtonnement, c'est-à-dire, avec l'Addition et la Soustraction seulement. Nous avons poussé le calcul de ces Tables jusqu'au diviseur 5000, comme étant plus que suffisant pour tous les besoins de la pratique.

Afin de rendre cet ouvrage d'une utilité plus générale, nous l'avons augmenté : 1° d'un petit Tableau basé sur la propriété des compléments Arithmétiques, et à l'aide duquel nous donnons le moyen de transformer la Soustraction en Addition ; 2° d'un grand Tableau pour calculer les intérêts par une simple Multiplication.

PRÉCIS

SUR LA MANIÈRE DE FAIRE USAGE

DE CES TABLES.

De la Multiplication.

Multiplier un nombre par un autre, c'est trouver un troisième nombre qui soit égal au premier, répété autant de fois qu'il y a d'unités dans le second.

Ainsi, par exemple, multiplier 7 par 4, c'est trouver un troisième nombre qui soit égal à 7 répété quatre fois. Ce troisième nombre est ici 28.

Le premier de ces nombres se nomme multiplicande, le second multiplicateur et le troisième produit. Le multiplicande et le multiplicateur pris ensemble se nomment facteurs du produit.

Le procédé en usage, pour effectuer cette opération, exige que l'on sache par cœur ou de mémoire, tous les produits d'un chiffre multiplié par un autre chiffre, ou, comme l'on dit, qu'on sache le livret. Nos tables ont pour objet de dispenser de cette connaissance et de ramener le même procédé à n'être qu'une addition. C'est ce que nous allons indiquer.

Ces tables, comme on le voit, présentent neuf colonnes qui répondent aux neuf chiffres significatifs, placés en gros caractères au haut de chaque page.

La première colonne à gauche est la suite naturelle des nombres depuis 1 jusqu'à 5000. Nous avons omis les nombres terminés par des zéros dans cette première colonne, parce que, comme on le verra, ils étaient tout-à-fait inutiles.

Ainsi les nombres 10, 20, 30.....5000 ne s'y trouvent point.

La deuxième colonne est formée des produits de tous les nombres de la première multipliés par 2; la troisième, des produits de tous les nombres de la première multipliés par 3, et ainsi de suite jusqu'à la neuvième, qui est formée des produits de tous les nombres de la première multipliés par 9.

D'où il résulte qu'une rangée horizontale quelconque des nombres de ces tables, exprime toujours les divers produits du premier nombre à gauche de cette rangée, multipliés successivement par les nombres 1, 2, 3, 4.....9, c'est-à-dire, par tous les chiffres significatifs.

Ainsi, par exemple, la rangée 7, 14, 21, 28, 35, 42, 49, 56, 63, exprime les divers produits de 7 par tous les chiffres significatifs ; 7 est le produit de 7 par 1 ; 14 le produit de 7 par 2 ; 21 le produit de 7 par 3 ..... 63 le produit de 7 par 9.

Donc, si l'on a à multiplier un nombre moindre que 5000 par un nombre d'un seul chiffre, on obtiendra immédiatement le produit par le procédé suivant :

Cherchez le nombre à multiplier dans la première colonne à gauche ; prenez dans la rangée dont il fait partie, le nombre placé dans la colonne au haut de laquelle est le chiffre par lequel vous voulez multiplier ; ce nombre sera le produit demandé.

Exemple : Soit proposé de trouver le produit de 687 par 6 ?

Je cherche le nombre 687 dans la première colonne à gauche ; je prends, dans la rangée dont il fait partie, le nombre 4122 placé dans la colonne au haut de laquelle est 6 ; ce nombre 4122 est le produit demandé.

Le multiplicande étant toujours moindre que 5000, si le multiplicateur a plusieurs chiffres, faites par chacun de ces chiffres comme nous venons de le prescrire, lorsque ce nombre n'a qu'un chiffre ; vous obtiendrez ainsi autant de produits partiels qu'il y a de chiffres dans le multiplicateur. Ecrivez ces produits partiels les uns sous les autres, au fur et à mesure que vous les trouvez, en ayant soin d'avancer d'un rang vers la gauche celui fourni par le chiffre des dizaines ; de deux rangs celui fourni par le chiffre des centaines, et ainsi de suite ; la somme de tous ces produits partiels sera le produit demandé.

Exemple : Soit à multiplier 796 par 487.

Opération :

$$\begin{array}{r} 796 \\ 487 \\ \hline 5572 \\ 6368 \\ 3184 \\ \hline 387652 \end{array}$$

Ayant placé le multiplicateur sous le multiplicande, et tiré un trait sous le multiplicateur, je cherche le multiplicande dans la première colonne, à gauche, dans la rangée dont il fait partie, je prends 1° le nombre 5572, placé dans la colonne au haut de laquelle est 7, et je l'écris sous le trait ; 2° le nombre 6368 placé dans la colonne au haut de laquelle est 8, et je l'écris sous 5572 en l'avançant d'un rang vers la gauche ; 3° le nombre 3184 placé dans la colonne au haut de laquelle est 4, et je l'écris sous 6368 en l'avançant d'un rang vers la gauche, c'est-à-dire de deux rangs par rapport au premier nombre 5572 ; la somme 387652 de ces trois produits partiels, ainsi disposés, est le produit demandé.

S'il se trouve des zéros entre le chiffre significatif par lequel vous venez de multiplier et le chiffre significatif suivant, faites comme s'il n'y avait point de zéros ; mais, le produit du chiffre suivant obtenu, écrivez-le sous l'autre, en l'avançant d'autant de rangs de plus vers la gauche qu'il y a de zéros entre les deux chiffres significatifs.

Exemple : Soit à multiplier 4836 par 3004.

Opération :

$$\begin{array}{r} 4836 \\ 3004 \\ \hline 19344 \\ 14508 \\ \hline 14527344 \end{array}$$

S'il n'y avait point de zéros entre les deux chiffres significatifs 3 et 4 du multiplicateur, je n'avancerais le second produit partiel que d'un rang vers la gauche ; mais, comme il y a deux zéros, je l'avance de deux rangs de plus, et j'ai pour le produit demandé 14527344.

Si le multiplicateur est plus grand que la limite des tables, c'est-à-dire, plus grand que 5000, procédez ainsi : partagez ce multiplicande en plusieurs tranches, de manière que chacune d'elles, abstraction faite du rang qu'elle occupe dans le nombre, soit moindre que la limite des tables, ou tout au plus égale à cette limite ; cherchez le produit de chacune de ces tranches par le multiplicateur ; à la suite du produit fourni par la deuxième tranche à gauche, écrivez autant de zéros qu'il y a de chiffres à la droite de cette tranche dans le nombre proposé ; faites-en de même à l'égard de chacune des autres tranches vers la gauche, et réunissez tous ces produits ; la somme exprimera le produit demandé.

Exemple : Soit à multiplier 2387689 par 386.

Opération :

$$\begin{array}{rr} 2387 & 689 \\ 386 & 386 \\ \hline 14322 & 4134 \\ 19096 & 5512 \\ 7161 & 2067 \\ \hline 921382000 & 265954 \\ 265954 & \\ \hline 921647954 & \end{array}$$

Je vois qu'en partageant le multiplicande en deux tranches, la première à droite de trois chiffres et l'autre de quatre, j'ai deux nombres 2387 et 689 dont chacun est moindre que la limite des tables, je le partage donc en ces deux tranches ; je cherche ensuite le produit de chacune de ces tranches par le multiplicateur, comme la tranche 2387 est suivie de trois chiffres dans le nombre proposé, à la suite du produit fourni par cette tranche, j'écris trois zéros ; je fais la somme des deux produits et j'ai 921647954 pour le produit demandé.

Lorsque le multiplicande et le multiplicateur sont terminés par des zéros, on en fait abstraction, c'est-à-dire, qu'on opère comme si ces zéros n'y étaient point ; mais ensuite on ajoute à la droite du produit autant de zéros qu'on en a supprimés dans les facteurs.

Exemple : Soit à multiplier 6700 par 80.

Opération :

$$\begin{array}{r} 6700 \\ 80 \\ \hline 536000 \end{array}$$

Je multiplie 67 par 8 sans faire aucune attention aux zéros ; mais comme il y a deux zéros au multiplicande et un au multiplicateur, à la suite du produit 536 j'écris trois zéros et j'ai pour le produit demandé 536000.

On a une multiplication à faire, toutes les fois qu'il s'agit de trouver la valeur de plusieurs unités, connaissant la valeur de l'une de ces unités. Telle est cette question : Combien coûteront 256 mètres de drap, à raison de 28 fr. le mètre ? Car puisque le mètre coûte 28 fr., il est clair que 256 mètres coûteront 256 fois plus, coûteront par conséquent, 256 fois 28 fr. ; donc, pour avoir le prix demandé, il faut multiplier 28 par 256.

La valeur de l'unité est le multiplicande puisque c'est le nombre qu'il faut répéter pour obtenir la valeur demandée, c'est-à-dire la valeur de toutes les autres unités ; par suite, l'autre nombre est le multiplicateur.

Ainsi, dans notre exemple, 28 est le multiplicande et 256 le multiplicateur.

Le produit est toujours de même nature que le multiplicande, puisqu'il n'est autre chose que le multiplicande répété.

Ainsi, dans notre exemple, le multiplicande 28 exprimant des francs, le produit exprimera aussi des francs.

Le multiplicateur doit toujours être considéré comme un nombre abstrait, car il n'a d'autre destination qu'à marquer combien de fois il faut prendre le multiplicande pour obtenir la valeur demandée.

Ainsi, dans notre exemple, 256 doit être considéré comme un nombre abstrait, car il n'a d'autre destination qu'à marquer qu'il faut répéter 28 fr. 256 fois, soit que ce nombre 256 exprime des mètres ou tout autre chose.

En arithmétique on démontre que lorsque le multiplicande et le multiplicateur sont des nombres abstraits, on peut intervertir leur ordre, c'est-à-dire, mettre le multiplicande à la place du multiplicateur, et vice versâ, sans que le produit change. Si ces mêmes nombres sont concrets la même propriété doit subsister encore, avec l'attention seulement de considérer le produit comme exprimant des unités de même nature que le multiplicande. C'est ce qui fait que dans la pratique, afin de rendre l'opération plus simple, on multiplie ordinairement le plus grand des deux nombres par le plus petit. C'est aussi ce que nous devrons faire nous-mêmes, toutes les fois que la limite des tables le permettra.

Ainsi dans la question ci-dessus, quoique 26 soit le multiplicande, afin de simplifier, on effectuera l'opération comme si ce nombre était le multiplicateur, c'est-à-dire, qu'on multipliera 256 par 26, et le produit 6656 que l'on trouvera, étant considéré comme des francs, sera le prix demandé.

Dans la multiplication des nombres décimaux, on opère de la même manière que pour les nombres entiers, c'est-à-dire, que l'on ne fait aucune attention à la virgule, mais ensuite on sépare au produit autant de décimales qu'il s'en trouve, tant dans le multiplicande que dans le multiplicateur.

Exemple : Soit à multiplier 12,85 cent. par 8,73 cent.

Opération :

```
   12,85
    8,73
  ───────
    3855
   8 995
  102 80
  ───────
 112,1805
```

J'opère comme s'il n'y avait point de virgule ; mais ensuite, comme il y a en tout quatre décimales dans les deux facteurs, je sépare aussi quatre chiffres à la droite du produit, et j'ai pour le produit demandé 112,1805.

Ainsi, par exemple, 8 mètres 73 centimètres à 12 francs 85 centimes le mètre coûteraient 112 fr. 18 c. 5 dixièmes, ou simplement, en négligeant les 5 dixmillièmes, 112 fr. 18 c.

De la Division.

Diviser un nombre par un autre, c'est en général chercher combien de fois le premier de ces nombres contient le second.

Le premier de ces nombres se nomme dividende, le second diviseur, et le résultat de l'opération quotient.

Ainsi, diviser 12 par 4, c'est chercher combien de fois 12 contient 4. 12 est le dividende. 4 le diviseur, et 3 le quotient, parce que 12 contient 4 trois fois.

Voici le procédé pour effectuer cette opération au moyen de nos tables.

Écrivez le dividende et le diviseur sur une même ligne horizontale, le diviseur à droite, et séparé du dividende par un trait vertical ; tirez

tirez un trait sous le dividende afin de le séparer du quotient que vous écrirez dessous. Prenez sur la gauche du dividende autant de chiffres qu'il en faut pour contenir le diviseur; cherchez le diviseur dans la première colonne à gauche; parcourez de droite à gauche la rangée dont il fait partie, et arrêtez-vous au premier des nombres de cette rangée qui peut se retrancher de la partie prise sur la gauche du dividende, et qu'on appelle le premier dividende partiel; retranchez ce nombre de ce premier dividende partiel, et écrivez au quotient le chiffre placé en tête de la colonne dont le nombre que vous venez de soustraire fait partie, ce sera le premier chiffre du quotient.

A côté du reste, abaissez le chiffre suivant du dividende, ce qui vous donnera un nouveau dividende partiel; opérez sur ce second dividende partiel comme sur le premier, et vous obtiendrez un nouveau chiffre du quotient que vous écrirez à la suite de celui déjà obtenu.

Continuez cette série d'opérations jusqu'à l'entier épuisement des chiffres du dividende, et vous obtiendrez ainsi tous les chiffres du quotient.

Lorsque aucun des nombres de la rangée ne peut être retranché d'un dividende partiel, ou, ce qui revient au même, lorsqu'un dividende partiel est moindre que le diviseur, on écrit zéro au quotient.

1er Exemple : Soit à diviser 51617532 par 682.

Opération :

51617532	682
4774	75685
3877	
3410	
4675	
4092	
5833	
5456	
3772	
3410	
362	

Ayant disposé l'opération comme nous venons de le dire, je tire un trait sous le diviseur; je prends sur la gauche du dividende autant de chiffres qu'il en faut pour contenir le diviseur; ici il faut que j'en prenne quatre; j'ai donc pour premier dividende partiel 5161; je cherche mon diviseur 682 dans la première colonne à gauche des tables; je parcours de droite à gauche la rangée dont il fait partie, et je m'arrête au nombre 4774 qui est le premier de cette rangée, en allant de droite à gauche, qui puisse se retrancher de 5161; j'effectue cette soustraction, et j'écris au quotient le chiffre 7 placé dans la même colonne que 4744, et en tête de cette colonne.

A côté du reste, j'abaisse le chiffre suivant 7 du dividende, ce qui me donne pour second dividende partiel 3877; j'opère sur ce second dividende partiel, comme sur le premier, c'est-à-dire, que je parcours de nouveau, de droite à gauche, la même ligne des nombres, et que je m'arrête au premier de ces nombres qui peut se retrancher de 3877, ce nombre est 3410, je le retranche de 3877, et j'écris au quotient, à la suite du 7 que je viens de trouver, le chiffre 5 placé dans la même colonne que 3410, et en tête de cette colonne; j'ai de cette manière le second chiffre du quotient.

Je continue cette suite d'opérations jusqu'à ce que j'aie abaissé tous les chiffres du dividende, et j'obtiens ainsi pour le quotient demandé 15685, avec un reste qui est 362.

2me EXEMPLE : Soit à diviser 1925384 par 356.

Opération :

$$\begin{array}{r|l} 1925384 & 356 \\ 1780 & \overline{5408} \\ \hline 1453 & \\ 1424 & \\ \hline 2984 & \\ 2848 & \\ \hline 136 & \end{array}$$

Après avoir obtenu les deux premiers chiffres du quotient, et abaissé le chiffre 8 du dividende, je trouve pour troisième dividende partiel 298. Comme ce troisième dividende partiel est moindre que le diviseur, j'écris zéro au quotient, et j'abaisse le chiffre suivant du dividende, comme si 298 était un nouveau reste.

Lorsque le dividende ne donne pas de reste, le quotient trouvé est exact; dans le cas contraire, il est inexact par défaut. On dit alors qu'il a été obtenu à moins d'une unité près, c'est-à-dire, qu'il ne diffère du vrai quotient que d'une quantité moindre que l'unité. Si on veut un plus grand degré d'approximation, la meilleure manière consiste à chercher des décimales.

Pour obtenir des décimales au quotient d'une division, lorsqu'il y a un reste, il suffit d'ajouter à côté de ce reste, successivement, autant de zéros que l'on veut avoir de décimales, et de continuer la division comme si chacun de ces zéros était un nouveau chiffre abaissé du dividende. Les chiffres du quotient ainsi trouvés seront les décimales demandées.

EXEMPLE : Soit à diviser 726 par 28.

Opération :

```
726 | 28
 56 | 25,92
————
166
140
————
 260
 252
————
   80
   56
————
   24
```

Après avoir épuisé tous les chiffres du dividende, je trouve 25 au quotient et 26 pour reste. Si, afin d'avoir ce quotient avec plus d'approximation, je veux obtenir des décimales, à côté de 26 j'écris un zéro et je continue mon opération comme si ce zéro était un nouveau chiffre abaissé du dividende; je trouve ainsi 9 pour quotient, que j'écris à la suite de 25, et j'ai 8 pour reste. A côté de ce nouveau reste j'écris un autre zéro, et j'opère de la même manière, ce qui me donne 2, que j'écris à la suite du 9, et j'ai 24 pour reste. En continuant ainsi l'opération, on trouverait autant de décimales que l'on voudrait.

En ajoutant le premier zéro, on écrit virgule au quotient, afin d'annoncer que les unités qui vont suivre sont des décimales.

Si, après un certain nombre d'opérations, la division se termine, c'est-à-dire, ne donne pas de reste, on dit que le quotient trouvé est exact; dans le cas contraire il n'est qu'approximatif, mais alors il est d'autant plus approché qu'on a déterminé un plus grand nombre de décimales.

On dit que le quotient a été obtenu à un dixième, à un centième, à un millième, etc., d'unités près, selon qu'on a cherché une, deux, trois, etc., décimales. Dans la pratique, on se contente ordinairement de deux ou trois décimales.

Dans la division des nombres décimaux, on distingue plusieurs cas.

1° Le dividende et le diviseur ont le même nombre de décimales;

2° Le diviseur seul a des décimales;

3° Le diviseur a plus de décimales que le dividende;

4° Le dividende seul a des décimales;

5° Le dividende a plus de décimales que le diviseur.

Dans le premier cas, supprimez la virgule au dividende et au diviseur, et opérez comme pour deux nombres entiers; le quotient trouvé par cette opération sera le quotient demandé.

EXEMPLE : Soit à diviser 268,36 cent. par 7,45 cent.

Opération :

Je supprime la virgule tant au dividende qu'au diviseur et j'écris :

$$\begin{array}{c|c} 26836 & 745 \\ 2235 & \overline{36} \\ \hline 4486 & \\ 4470 & \\ \hline 16 & \end{array}$$

Le quotient 36 que me donne cette division est le quotient demandé.

Si on voulait des décimales au quotient, il faudrait opérer comme nous l'avons dit dans la division des nombres entiers, c'est-à-dire, ajouter à côté du reste successivement autant de zéros que l'on voudrait avoir de décimales.

Dans le deuxième cas, supprimez la virgule au diviseur ; écrivez à la suite du dividende autant de zéros qu'il y avait de décimales au diviseur, et opérez ensuite comme pour deux nombres entiers, le quotient que vous trouverez sera le quotient demandé.

EXEMPLE : Soit à diviser 238 par 4,56 c.

Opération :

$$\begin{array}{c|c} 23800 & 456 \\ 2280 & \overline{52} \\ \hline 1000 & \\ 912 & \\ \hline 88 & \end{array}$$

Je supprime la virgule au diviseur, et comme ce diviseur a deux décimales, j'écris deux zéros au dividende, le quotient 52 que me donne cette division est le quotient demandé.

Troisième cas. On écrit à la suite du dividende autant de zéros qu'il est nécessaire pour qu'il y ait le même nombre de décimales de part et d'autre ; puis on opère comme nous l'avons dit dans le premier cas.

EXEMPLE : Soit à diviser 76,2 par 4,562.

Opération :

$$\begin{array}{c|c} 76200 & 4562 \\ 4562 & \overline{16} \\ \hline 30580 & \\ 27372 & \\ \hline 3208 & \end{array}$$

Comme le dividende n'a qu'une décimale et qu'il y en a trois au diviseur, j'écris deux zéros à la suite du dividende, afin de rendre le nombre de décimales le même de part et d'autre, puis j'opère comme dans le premier cas, c'est-à-dire, comme pour deux nombres entiers; le quotient 46 que je trouve ainsi est le quotient demandé.

Quatrième cas. Divisez sans faire aucune attention à la virgule; mais en suite séparez au quotient autant de décimales qu'il y en a au dividende.

EXEMPLE : Soit à diviser 756,38 par 287.

Opération :

$$
\begin{array}{r|l}
756,38 & 287 \\
\cline{2-2}
574 & 2,63 \\
\hline
1823 & \\
1722 & \\
\hline
1010 & \\
861 & \\
\hline
149 & \\
\end{array}
$$

Je divise sans faire aucune attention à la virgule, mais ensuite comme le dividende a deux décimales, je sépare aussi deux décimales au quotient, et j'ai ainsi 2,63 pour le quotient demandé.

Cinquième cas. Supprimez la virgule du diviseur, reculez-la, dans le dividende, d'autant de rangs vers la droite qu'il y avait de décimales au diviseur; l'opération sera ainsi ramenée au cas précédent, puisqu'il n'y aura plus que le dividende qui ait des décimales; il ne restera donc plus qu'à opérer comme dans le cas précédent.

EXEMPLE : Soit à diviser 32,6478 par 2,83.

Je supprime la virgule au diviseur; dans le dividende je la recule de deux rangs vers la droite, parce que le diviseur a deux décimales. Mon opération est ainsi ramenée à diviser 3264,78 par 283, c'est-à-dire, qu'elle est ramenée au cas précédent, puisqu'il n'y a plus que le dividende qui ait des décimales.

Si dans ces deux derniers cas on voulait trouver un plus grand nombre de décimales que celles fournies immédiatement par la division, il n'y aurait qu'à continuer l'opération, en ajoutant à côté du reste, successivement, autant de zéros que l'on voudrait avoir de décimales de plus.

Lorsque le diviseur est terminé par des zéros, supprimez ces zéros et séparez sur la droite du dividende, par une virgule, autant de décimales que vous avez supprimé de zéros, puis opérez comme nous l'avons dit, dans le quatrième cas, des nombres décimaux.

Exemple : Soit à diviser 48752 par 3700.

Opération :

$$
\begin{array}{r|l}
487,52 & 37 \\
37 & \overline{13,17} \\ \hline
117 & \\
111 & \\ \hline
65 & \\
37 & \\ \hline
282 & \\
259 & \\ \hline
23 &
\end{array}
$$

Je supprime les deux zéros du diviseur; je sépare sur la droite du dividende deux chiffres par une virgule, et j'effectue ensuite mon opération comme il a été dit dans le quatrième cas de la division des nombres décimaux; le quotient 13,17 que je trouve est le quotient demandé.

Si le dividende est un nombre décimal, il n'y a qu'à avancer la virgule d'autant de rangs vers la gauche qu'il y avait de zéros au diviseur, et opérez ensuite comme nous venons de le dire.

Puisque le quotient exprime combien de fois le dividende contient le diviseur, il s'en suit qu'on doit considérer le dividende comme le produit du diviseur multiplié par le quotient, ou, ce qui revient au même, comme le produit du quotient multiplié par le diviseur.

Donc, toutes les fois que le sens d'une question indiquera qu'on connaît un produit de deux facteurs avec l'un de ces facteurs, et qu'il s'agit de trouver l'autre facteur, cette question conduira à une division.

Il en sera ainsi :

1° Toutes les fois que, connaissant la valeur de plusieurs unités, et la valeur de l'une de ces unités, il s'agira de trouver ce nombre d'unités.

Comme, par exemple, si on demande combien on aura de mètres pour 60 fr., à raison de 12 fr. le mètre.

2° Toutes les fois que, connaissant la valeur de plusieurs unités, ainsi que ce nombre d'unités, il s'agira de déterminer la valeur de l'une de ces unités.

Comme par exemple, si on demande à combien revient le mètre d'une certaine étoffe, sachant que pour 60 fr. on en a eu 5 mètres.

Car dans l'un et l'autre cas 60 fr. expriment le produit du prix du mètre par le nombre de mètres, donc, dans le premier cas, pour avoir le nombre de mètres, il faut diviser 60 par 12. Et dans le second, pour avoir le prix du mètre, il faut diviser 60 par 5.

Table pour transformer la Soustraction en Addition.

0	1	2	3	4
9	8	7	6	5

Nous avons vu qu'au moyen de nos tables l'addition suffit pour être à même d'effectuer la multiplication, à l'aide de la petite table que nous donnons ici, cette même opération suffit encore pour effectuer la soustraction.

Voici le procédé :

Échangez chacun des chiffres du nombre à retrancher contre celui qui dans la petite table est placé dans la même colonne que lui. Vous obtiendrez ainsi un nouveau nombre que vous additionnerez avec celui duquel vous voulez retrancher, en ayant soin, dans cette addition, d'augmenter d'une unité la colonne des unités, et de supprimer la dizaine de la dernière colonne à gauche; le résultat de cette addition exprimera le reste demandé.

Exemple : Soit à retrancher 437895 de 854362.

Opération :

$$854362$$
$$562104$$
$$\text{Reste } \overline{416467}$$

J'échange le chiffre 5 du nombre 437895 contre le chiffre 4 qui, dans la petite table, se trouve dans la même colonne que 5; j'échange de même le chiffre 9 contre 0, le chiffre 8 contre 1, etc.; j'obtiens ainsi un nouveau nombre qui est 562104; j'écris ce nombre sous 854362, et je fais l'addition, en ayant soin d'augmenter d'une unité la colonne des unités, et de supprimer la dizaine de la dernière colonne; le résultat 416467, que je trouve, est le reste demandé.

Si le nombre à retrancher renferme moins de chiffres que celui duquel vous voulez le retrancher, écrivez à sa gauche autant de zéros qu'il est nécessaire pour que les deux nombres aient le même nombre de chiffres, puis opérez comme nous venons de le dire.

Exemple : Soit à retrancher 358 de 72863.

Opération :

$$72863$$
$$99641$$
$$\overline{72495}$$

J'écris deux zéros à sa gauche, c'est-à-dire, que je l'écris ainsi 00358, afin qu'il ait le même nombre de chiffre que l'autre nombre 72853; puis j'opère comme il vient d'être dit; le résultat 62495 que je trouve est le reste demandé.

Dans la soustraction des nombres décimaux, il y a deux cas à distinguer suivant que le nombre des décimales est le même dans les deux nombres, ou qu'il n'est pas le même. Dans le premier cas, opérez de la même manière que pour deux nombres entiers.

Exemple : Du nombre 87,25 on veut retrancher 58,36.

Opération :

$$\begin{array}{r} 87,25 \\ 41,63 \\ \hline 28,89 \end{array}$$

J'opère comme si les nombres proposés étaient deux nombres entiers, et le résultat 28,89 que je trouve est, en effet, le reste demandé.

Dans le deuxième cas, ajoutez à la suite du nombre qui a le moins de décimales, autant de zéros qu'il est nécessaire pour que le nombre de décimales soit le même de part et d'autre, puis opérez comme dans le cas précédent, c'est-à-dire, comme pour deux nombres entiers.

Exemple : Soit à retrancher 47,8 de 83,175.

Opération :

$$\begin{array}{r} 83,175 \\ 52,199 \\ \hline 35,375 \end{array}$$

A la suite du nombre 47,8 j'écris deux zéros afin qu'il ait le même nombre de décimales que l'autre nombre 83,175, c'est-à-dire, que je le mets sous cette forme 47,800, et opérant ensuite comme dans le cas précédent, je trouve 35,375 millièmes pour le reste demandé.

Exercices sur la Soustraction.

1° Sur une facture de 785 fr. 50 c., on a donné un à-compte de 96 fr. 25 c., combien reste-t-on encore à payer? R. 689 fr. 25 c.

Opération :

$$\begin{array}{r} 785,50 \\ 903,74 \\ \hline 689,25 \end{array}$$

2° Sur la somme de 12837 fr. que j'ai empruntée, je donne un a-compte de 789 fr. 45 c., combien dois-je encore ? R. 12047 fr. 55 c.

Opération :

```
12837,00
 9210,54
─────────
12047,55
```

3° Combien doit-on encore sur la somme de 1256 fr. 65 c., sachant qu'on a donné un à-compte de 786 fr. ? R. 470 fr. 65 c.

Opération :

```
1256,65
 913,99
────────
 470,65
```

Remarque. Pour multiplier un nombre entier par 10, par 100, par 1000, etc., il suffit d'écrire à la droite de ce nombre un, deux ou trois zéros.

Ainsi, le nombre 64 multiplié par 10 donne 640 ; par 100 donne 6400 ; par 1000 donne 64000, etc.

Réciproquement, pour diviser un nombre entier terminé par des zéros, par 10, par 100, par 1000, etc., il suffira de supprimer un, deux ou trois de ces zéros.

Ainsi, le nombre 70000 divisé par 10 donne 7000 ; par 100 donne 700 ; par 1000 donne 70.

Pour multiplier un nombre décimal par 10, par 100, par 1000, etc., il suffit d'avancer la virgule d'un, de deux ou de trois, etc., rangs vers la droite.

Ainsi, le nombre décimal 8,7564 multiplié par 10 donne 87,564 ; par 100 donne 875,64 ; par 1000 donne 8756,4, etc.

Réciproquement, pour diviser un nombre décimal par 10, par 100, par 1000, etc., il suffit d'avancer la virgule d'un, de deux ou de trois rangs vers la gauche.

Ainsi le nombre 8756,4 divisé par 10 donne 875,64 ; par 100 donne 87,564 ; par 1000 donne 8,7564, etc.

Pour diviser un nombre entier quelconque par 10, par 100, par 1000, etc., il suffit de séparer sur la droite, un, deux ou trois, etc., chiffres par une virgule.

Ainsi, le nombre 76348 divisé par 10 donne 7634,8 ; par 100 donne 763,48 ; par 1000 donne 76,348.

Exercices sur la Multiplication.

Lorsqu'une réponse renfermera des décimales, on ne tiendra compte que des deux premières.

1° Combien coûteront 4 balles de laine, pesant ensemble 298 kil., si le prix du kil. est de 7 fr. 50 c.? R. 2238 fr.

2° Quel est le prix de 48 mètres 36 centimètres de toile, si le mètre se vend 2 fr. 75 c.? R. 132 fr. 99 c.

3° Quel est le montant de 752 kil. d'une certaine marchandise, sachant que le quintal se vend 87 fr.? R. 654 fr. 24 c.

Dans cette question, le multiplicateur a deux décimales, savoir 52 kil., puisque l'unité principale est le quintal métrique, ou les cent kil.; c'est pourquoi, pour avoir le prix demandé, il faut séparer deux chiffres de la droite du produit par une virgule.

En général, toutes les fois que la valeur d'une chose est exprimée à raison de tant les cent unités, pour avoir la valeur d'un nombre quelconque d'unités de cette chose, il faut multiplier la valeur des cent unités par ce nombre d'unités, et diviser le produit par 100.

4° Sur la vente d'une certaine marchandise, qui avait coûté 1458 fr., on a fait un bénéfice de 12 fr. 75 c. pour 100; on demande quel est le montant de ce bénéfice? R. 185 fr. 89 c.

5° Quel est le montant de 23 k. 3 hecto de pain, à raison de 35 c. le k.? R. 8 fr. 45 c.

On appelle fraction en arithmétique, une ou plusieurs parties d'une unité divisée en un nombre quelconque de parties égales.

Ainsi, les décimales sont des fractions.

Parmi les fractions non décimales, les suivantes : un quart, une demie, trois quarts que l'on écrit ainsi, 1/4, 1/2, 3/4, se présentent assez souvent, particulièrement dans les tarifs du prix du pain, alors on doit les remplacer par leurs équivalentes en décimales; savoir, la première par 0,25, la deuxième par 0,50 ou par 0,5, et la troisième par 0,75.

Ainsi, par exemple, au lieu d'écrire 42 c. 1/4, 38 c. 1/2, 40 c. 3/4, on écrira 0,4225, 0,385, 0,4075, en remplaçant 1/4 de centime par 25 dix millièmes; 1/2 par 5 millièmes, et 3/4 par 75 dix millièmes.

6° On demande quel serait le montant des 23 k. 3 h. de pain de la question précédente, si le tarif était à 35 c. 1/4 le k., à 35 c. 1/2 et et à 35 c. 3/4?

1re R. 8 fr. 21 c.; 2me R. 8 fr. 27 c.; 3me R. 8 fr. 33 c.

7° Un fabricant reçoit de la filature 458 k. 5 h. de laine; on demande combien cette laine lui a produit de doubles, sachant qu'elle a été filée au degré 40? R. 4401 doubles 6 dixièmes.

Pour trouver le nombre de doubles qu'il doit y avoir dans une quantité de laine toute filée, il n'y a qu'à multiplier le degré par 0,24, et le produit par le nombre de kilos qui exprime le poids de cette quantité de laine; ce dernier produit donnera la réponse.

Ainsi, dans notre exemple, nous avons multiplié 0,24 par 40, et le produit par 458,5.

Exercices sur la Division.

1° 12 mètres de drap ont coûté 105 fr.; on demande à combien revient le mètre? R. 8 fr. 75 c.

2° Une personne dépense par an 3595 fr. 25 c.; on veut savoir ce qu'elle dépense par jour? R. 9 fr. 85 c.

3° On demande combien on aura de mètres d'une certaine étoffe pour la somme de 105 fr., sachant que le mètre de la même étoffe se vend 8 fr. 75 c.? R. 12 mètres.

4° 678 personnes ont à se partager la somme de 241605 fr. 30 c.; on demande ce qui revient à chacun? R. 356 fr. 35 c.

Règle d'Intérêt.

On appelle règle d'intérêt une opération qui a pour but de trouver ce que rapportera une somme prêtée, à la condition d'en retirer un certain revenu pour 100 par an. La somme prêtée se nomme capital, et ce que l'on retire pour cent par an se nomme le taux de l'intérêt.

Si pour chaque 100 fr. que l'on a prêtés on retire un revenu de 5 fr. par an, le taux est dit à 5 pour 100; si l'on retire 6 fr., le taux est dit à 6, et ainsi de suite.

Pour avoir l'intérêt d'un an, il suffit de multiplier le capital par le taux et de diviser le produit par 100. On trouvera ainsi que la somme de 1248 fr. placée à 5 pour 100, donne dans un an 62 fr. 40 c. d'intérêt.

Si le temps pour lequel on cherche l'intérêt est exprimé en mois, on cherchera d'abord l'intérêt d'un an, on le multipliera par les mois, et on divisera le produit par 12.

Si le temps est exprimé en jours, on multipliera le même intérêt d'un an par les jours, et on divisera par 365. Dans l'un et l'autre cas, le quotient sera la réponse. (a)

On trouvera ainsi que la somme de 3854 fr., placée à 5 pour 100, donne dans 5 mois 80 fr. 29 c., et dans 42 jours 22 fr. 17 c. d'intérêt.

Lorsque le taux est à 3 pour cent, et que le temps n'est composé que de mois, il suffit, pour avoir l'intérêt, de multiplier par 25 le produit qu'aura donné le capital multiplié par les mois, et de diviser ce dernier produit par 10000, ce que l'on fera en séparant quatre chiffres sur la droite par une virgule.

Dans le même cas, si le taux est à 6 pour cent, il suffira, pour avoir l'intérêt, de multiplier le même produit par 5 et de diviser par 1000.

Voici une formule bien simple pour calculer les intérêts lorsque le temps est exprimé en jours. Multipliez le produit que donne le capital, le taux et les jours par le facteur constant 274, et du produit séparez sept chiffres sur la droite par une virgule, en n'ayant égard qu'aux deux premières décimales; ce produit sera l'intérêt demandé. (b)

Ainsi, pour avoir l'intérêt de 3854 fr. à 5 pour 100 pour 42 jours, je multiplie l'un par l'autre les quatre nombres 3854, 5, 42 et 274, du produit 221759160 je sépare sept chiffres sur la droite par une virgule, et j'ai pour l'intérêt demandé 22 fr. 17 c. comme ci-dessus.

Lorsque le taux est à 5 pour 100 la formule se simplifie : il suffit alors pour avoir l'intérêt de multiplier le capital par les jours et par 137, et de séparer du produit six chiffres par une virgule.

Ainsi, dans l'exemple que nous venons de donner, on aura l'intérêt

[illegible]

[illegible]	[illegible]	[illegible]	[illegible]	[illegible]	[illegible]	[illegible]
[illegible]	[illegible]	[illegible]	[illegible]	[illegible]	[illegible]	[illegible]

TABLEAU

Pour calculer les Intérêts par une simple Multiplication,

Lorsque le taux est à 3, 4, 5, 6 p. %; quels que soient le capital et le nombre de jours.

Jours.	3 %	4 %	5 %	6 %	Jours.	3 %	4 %	5 %	6 %
1	82	110	137	164	51	4192	5580	6987	8384
2	164	219	274	329	52	4274	5699	7124	8549
3	247	329	411	493	53	4357	5809	7261	8713
4	329	438	548	658	54	4439	5918	7398	8878
5	411	548	685	822	55	4521	6028	7535	9042
6	493	658	822	986	56	4603	6138	7672	9206
7	575	767	959	1150	57	4685	6247	7809	9371
8	658	877	1096	1315	58	4768	6357	7946	9535
9	740	986	1233	1479	59	4850	6466	8083	9700
10	822	1096	1370	1644	60	4932	6576	8220	9864
11	904	1206	1507	1808	61	5014	6686	8357	10028
12	986	1315	1644	1973	62	5096	6795	8494	10193
13	1069	1425	1781	2137	63	5179	6905	8631	10357
14	1151	1534	1918	2302	64	5261	7014	8768	10521
15	1233	1644	2055	2466	65	5343	7124	8905	10686
16	1315	1754	2192	2630	66	5425	7234	9042	10850
17	1397	1863	2329	2795	67	5507	7343	9179	11015
18	1480	1973	2466	2959	68	5590	7453	9316	11179
19	1562	2082	2603	3124	69	5672	7562	9453	11344
20	1644	2192	2740	3288	70	5754	7672	9590	11508
21	1726	2302	2877	3452	71	5836	7782	9727	11672
22	1808	2411	3014	3617	72	5918	7891	9864	12001
23	1891	2521	3151	3781	73	6001	8001	10001	12165
24	1973	2630	3288	3946	74	6083	8110	10138	12165
25	2055	2740	3425	4110	75	6165	8220	10275	12330
26	2137	2850	3562	4274	76	6247	8330	10412	12494
27	2219	2959	3699	4439	77	6329	8439	10549	12659
28	2302	3069	3836	4603	78	6412	8549	10686	12823
29	2384	3178	3973	4768	79	6494	8658	10823	12988
30	2466	3288	4110	4932	80	6576	8768	10960	13152
31	2548	3398	4247	5096	81	6658	8878	11097	13316
32	2630	3507	4384	5261	82	6740	8987	11234	13481
33	2713	3617	4521	5425	83	6823	9097	11371	13645
34	2795	3726	4658	5590	84	6905	9206	11508	13810
35	2877	3836	4795	5754	85	6987	9316	11645	13974
36	2959	3946	4932	5918	86	7069	9426	11782	14138
37	3041	4055	5069	6083	87	7151	9535	11919	14303
38	3124	4165	5206	6247	88	7234	9645	12056	14632
39	3206	4274	5343	6412	89	7316	9754	12193	14632
40	3288	4384	5480	6576	90	7398	9864	12330	14796
41	3370	4494	5617	6740	91	7480	9974	12467	14960
42	3452	4603	5754	6905	92	7562	10083	12604	15125
43	3535	4713	5891	7069	93	7645	10193	12741	15289
44	3617	4822	6028	7234	94	7727	10302	12878	15454
45	3699	4932	6165	7398	95	7809	10412	13015	15782
46	3781	5042	6302	7562	96	7891	10522	13152	15782
47	3863	5151	6439	7727	97	7973	10631	13289	15947
48	3946	5261	6576	7891	98	8056	10741	13426	16111
49	4028	5370	6713	8056	99	8138	10850	13563	16276
50	4110	4480	6850	8220	100	8220	10960	13700	16440

demandé en multipliant l'un par l'autre les trois nombres 3854, 42 et 137, et en séparant six chiffres sur la droite par une virgule.

A la suite de ce que nous venons de dire sur les intérêts, nous ajouterons encore un Tableau au moyen duquel lorsque le taux est à 3, 4, 5, 6 pour 100, on pourra calculer les intérêts par une simple multiplication.

Voici la manière de faire usage de ce Tableau : Cherchez le nombre qui marque les jours dans la colonne en tête de laquelle est jours ; dans la rangée dont ce nombre fait partie, prenez le nombre placé dans la colonne au haut de laquelle est le taux dont vous voulez vous servir, multipliez le capital par ce nombre, et du produit séparez six chiffres sur la droite par une virgule ; ce produit, en séparant ainsi six chiffres, exprimera l'intérêt demandé.

Exemple 1er : Soit proposé de trouver l'intérêt pour 42 jours de la somme de 3854 fr. placée à 5 pour 100.

Je cherche 42 dans la colonne en tête de laquelle est jours ; dans la rangée dont ce nombre fait partie, je prends le nombre 5754, placé dans la colonne au haut de laquelle est le taux 5 pour 100 ; je multiplie mon capital par ce nombre ; du produit obtenu 22175916, je sépare six chiffres sur la droite, et j'ai 22 fr. 175916, ou bien 22 fr. 17 c. pour l'intérêt demandé.

Exemple : Soit proposé de trouver l'intérêt de la même somme et au même taux pour 142 jours.

Prenez le nombre 5754 qui répond à 42 jours ; prenez aussi dans dans la même colonne le nombre 13700 qui répond à 100 jours, faites l'addition de ces deux nombres et multipliez la somme par le capital 3854 : du produit séparez six chiffres et vous aurez l'intérêt demandé, qui est de 74 fr. 97 c.

On trouverait l'intérêt pour 200, 300, 400, etc., jours, en multipliant celui de 100 jours par s, 3, 4, etc.

NOTES.

(*a*) Ordinairement, dans les maisons de banque, sous prétexte que les calculs sont plus simples, on remplace le diviseur 365 par 360, ce qui au bout d'un an produit une erreur en excès égale au taux pour un capital de 7200 fr., c'est-à-dire, que si, par exemple, le taux est à 6 p. 100, le banquier aura pris au bout d'un an 6 fr. de trop d'intérêt pour un capital de 7200 fr.

Soit, en effet, R cette erreur; représentons de plus le capital par C, le temps par T et les jours par J. L'expression de cette erreur sera donnée par l'équation $R = CTJ(1/36000 - 1/36500) = CTJ(1/375 \times 7200)$, Si on fait $J = 365$, $C = 7200$ on aura $R = T$.

(*b*) Cette formule donne bien encore une erreur en excès, mais elle est si peu de chose que pour qu'elle fût égale au taux, il faudrait que le capital fût d'un million et le temps d'une année.

En effet, on a pour l'expression de cette erreur, $R = CTJ(274/10000000 - 1/36500)$ $= CTJ(1/365 \times 1000000$; si on fait $J = 365$, $C = 1000000$, on aura $R = T$. Donc, cette erreur sera tout-à-fait nulle dant la pratique.

Multiplier le produit CTJ par 274 et séparant sept chiffres sur la droite par une virgule, revient à multiplier ce produit par la fraction décimale 0,0000274.

On a déterminé cette fraction en prenant la fraction décimale la plus simple de toutes celles comprises entre 1/36400 et 1/36500.

1	2	3	4	5	6	7	8	9
2	4	6	8	10	12	14	16	18
3	6	9	12	15	18	21	24	27
4	8	12	16	20	24	28	32	36
5	10	15	20	25	30	35	40	45
6	12	18	24	30	36	42	48	54
7	14	21	28	35	42	49	56	63
8	16	24	32	40	48	56	64	72
9	18	27	36	45	54	63	72	81
11	22	33	44	55	66	77	88	99
12	24	36	48	60	72	84	96	108
13	26	39	52	65	78	91	104	117
14	28	42	56	70	84	98	112	126
15	30	45	60	75	90	105	120	135
16	32	48	64	80	96	112	128	144
17	34	51	68	85	102	119	136	153
18	36	54	72	90	108	126	144	162
19	38	57	76	95	114	133	152	171
21	42	63	84	105	126	147	168	189
22	44	66	88	110	132	154	176	198
23	46	69	92	115	138	161	184	207
24	48	72	96	120	144	168	192	216
25	50	75	100	125	150	175	200	225
26	52	78	104	130	156	182	208	234
27	54	81	108	135	162	189	224	243
28	56	84	112	140	168	196	232	252
29	58	87	116	145	174	203	232	261
31	62	93	124	155	186	217	248	279
32	64	96	128	160	192	224	256	288
33	66	99	132	165	198	231	264	297
34	68	102	136	170	204	238	272	306
35	70	105	140	175	210	245	280	315
36	72	108	144	180	216	252	288	324
37	74	111	148	185	222	259	296	333
38	76	114	152	190	228	266	304	342
39	78	117	156	195	234	273	312	351
41	82	123	164	205	246	287	328	369
42	84	126	168	210	252	294	336	378
43	86	129	172	215	258	301	344	387
44	88	132	176	220	264	308	352	396
45	90	135	180	225	270	315	360	405
46	92	138	184	230	276	322	368	414
47	94	141	188	235	282	329	376	423
48	96	144	192	240	288	336	384	432
49	98	147	196	245	294	343	392	441
51	102	153	204	255	306	357	408	459
52	104	156	208	260	312	364	416	468
53	106	159	212	265	318	371	424	477
54	108	162	216	270	324	378	432	486
55	110	165	220	275	330	385	440	495
56	112	168	224	280	336	392	448	504

1	2	3	4	5	6	7	8	9
57	114	171	228	285	342	399	456	513
58	116	174	232	290	348	406	464	522
59	118	177	236	295	354	413	472	531
61	122	183	244	305	366	427	488	549
62	124	186	248	310	372	434	496	558
63	126	189	252	315	378	441	504	567
64	128	192	256	320	384	448	512	576
65	130	195	260	325	390	455	520	585
66	132	198	264	330	396	462	528	594
67	134	201	268	335	402	469	536	603
68	136	204	272	340	408	476	544	612
69	138	207	276	345	414	483	552	621
71	142	213	284	355	426	497	568	639
72	144	216	288	360	432	504	576	648
73	146	219	292	365	438	511	584	657
74	148	222	296	370	444	518	592	666
75	150	225	300	375	450	525	600	675
76	152	228	304	380	456	532	608	684
77	154	231	308	385	462	539	616	693
78	156	234	312	390	468	546	624	702
79	158	237	316	395	474	553	632	711
81	162	243	324	405	486	567	648	729
82	164	246	328	410	492	574	656	738
83	166	249	332	415	498	581	664	747
84	168	252	336	420	504	588	672	756
85	170	255	340	425	510	595	680	765
86	172	258	344	430	516	602	688	774
87	174	261	348	435	522	609	696	783
88	176	264	352	440	528	616	704	792
89	178	267	356	445	534	623	712	801
91	182	273	364	455	546	637	728	819
92	184	276	368	460	552	644	736	828
93	186	279	372	465	558	651	744	837
94	188	282	376	470	564	658	752	846
95	190	285	380	475	570	665	760	855
96	192	288	384	480	576	672	768	864
97	194	291	388	485	582	679	776	873
98	196	294	392	490	588	686	784	882
99	198	297	396	495	594	693	792	891
101	202	303	404	505	606	707	808	909
102	204	306	408	510	612	714	816	918
103	206	309	412	515	618	721	824	927
104	208	312	416	520	624	728	832	936
105	210	315	420	525	630	735	840	945
106	212	318	424	530	636	742	848	954
107	214	321	428	535	642	749	856	963
108	216	324	432	540	648	756	864	972
109	218	327	436	545	654	763	872	981
111	222	333	444	555	666	777	888	999
112	224	336	448	560	672	784	896	1008

1	2	3	4	5	6	7	8	9
113	226	339	452	565	678	791	904	1017
114	228	342	456	570	684	798	912	1026
115	230	345	460	575	690	805	920	1035
116	232	348	464	580	695	812	928	1044
117	234	351	468	585	702	819	936	1053
118	236	354	472	590	708	826	944	1062
119	238	357	476	595	714	833	952	1071
121	242	363	484	605	726	847	968	1089
122	244	366	488	610	732	854	976	1098
123	246	369	492	615	738	861	984	1107
124	248	372	496	620	744	868	992	1116
125	250	375	500	625	750	875	1000	1125
126	252	378	504	630	756	882	1008	1134
127	254	381	508	635	762	889	1016	1143
128	256	384	512	640	768	896	1024	1152
129	258	387	516	645	774	903	1032	1161
131	262	393	524	655	786	917	1048	1179
132	264	396	528	660	792	924	1056	1188
133	266	399	532	665	798	931	1064	1197
134	268	402	536	670	804	938	1072	1206
135	270	405	540	675	810	945	1080	1215
136	272	408	544	680	816	952	1088	1224
137	274	411	548	685	822	959	1096	1233
138	276	414	552	690	828	966	1104	1242
139	278	417	556	695	834	973	1112	1251
141	282	423	564	705	846	987	1128	1269
142	284	426	568	710	852	994	1136	1278
143	286	429	572	715	858	1001	1144	1287
144	288	432	576	720	864	1008	1152	1296
145	290	435	580	725	870	1015	1160	1305
146	292	438	584	730	876	1022	1168	1314
147	294	441	588	735	882	1029	1176	1323
148	296	444	592	740	888	1036	1184	1332
149	298	447	596	745	894	1043	1192	1341
151	302	453	604	755	906	1057	1208	1359
152	304	456	608	760	912	1064	1216	1368
153	306	459	612	765	918	1071	1224	1377
154	308	462	616	770	924	1078	1232	1386
155	310	465	620	775	930	1085	1240	1395
156	312	468	624	780	936	1092	1248	1404
157	314	471	628	785	942	1099	1256	1413
158	316	474	632	790	948	1106	1264	1422
159	318	477	636	795	954	1113	1272	1431
161	322	483	644	805	966	1127	1288	1449
162	324	486	648	810	972	1134	1296	1458
163	326	489	652	815	978	1141	1304	1567
164	328	492	656	820	984	1148	1312	1476
165	330	495	660	825	990	1155	1320	1485
166	332	498	664	830	996	1162	1328	1494
167	334	501	668	835	1002	1169	1336	1503

1	2	3	4	5	6	7	8	9
168	336	504	672	840	1008	1176	1344	1512
169	338	507	676	845	1014	1183	1352	1521
171	342	513	884	855	1026	1197	1368	1539
172	344	516	688	860	1032	1204	1376	1548
173	346	519	692	865	1038	1211	1384	1557
174	348	522	696	870	1044	1218	1392	1566
175	350	525	700	875	1050	1225	1400	1575
176	352	528	704	880	1056	1232	1408	1584
177	354	531	708	885	1062	1239	1416	1593
178	356	534	712	890	1068	1246	1424	1602
179	358	537	716	895	1074	1253	1432	1611
181	362	543	724	905	1086	1267	1448	1629
182	364	546	728	910	1092	1274	1456	1638
183	366	549	732	915	1098	1281	1464	1647
184	368	552	736	920	1104	1288	1472	1656
185	370	555	740	925	1110	1295	1480	1665
186	372	558	744	930	1116	1302	1488	1674
187	374	561	748	935	1122	1309	1496	1683
188	376	564	752	940	1128	1316	1504	1692
189	378	567	756	945	1134	1323	1512	1701
191	382	573	764	955	1146	1337	1528	1719
192	384	576	768	960	1152	1344	1536	1728
193	386	579	772	965	1158	1351	1544	1737
194	388	582	776	970	1164	1358	1552	1746
195	390	585	780	975	1170	1365	1560	1755
196	392	588	784	980	1176	1372	1568	1764
197	394	591	788	985	1182	1379	1576	1773
198	396	594	792	990	1188	1386	1584	1782
199	398	597	796	995	1194	1393	1592	1791
201	402	603	804	1005	1206	1407	1608	1809
202	404	606	808	1010	1212	1414	1616	1818
203	406	609	812	1015	1218	1421	1624	1827
204	408	612	816	1020	1224	1428	1632	1836
205	410	615	820	1025	1230	1435	1640	1845
206	412	618	824	1030	1236	1442	1648	1854
207	414	621	828	1035	1242	1449	1656	1863
208	416	624	832	1040	1248	1456	1664	1872
209	418	627	836	1045	1254	1463	1672	1881
211	422	633	844	1055	1266	1477	1688	1899
212	424	636	848	1060	1272	1484	1696	1908
213	426	639	852	1065	1278	1491	1704	1917
214	428	642	856	1070	1284	1498	1712	1926
215	430	645	860	1075	1290	1505	1720	1935
216	432	648	864	1080	1296	1512	1728	1944
217	434	651	868	1085	1302	1519	1736	1953
218	436	654	872	1090	1308	1526	1744	1962
219	438	657	876	1095	1314	1533	1752	1971
221	442	663	884	1105	1326	1547	1768	1989
222	444	666	888	1110	1332	1554	1776	1998
223	446	669	892	1115	1338	1561	1784	2007

1	2	3	4	5	6	7	8	9
224	448	672	896	1120	1344	1568	1792	2016
225	450	675	900	1125	1350	1575	1800	2025
226	452	678	904	1130	1356	1582	1808	2034
227	454	681	908	1135	1362	1589	1816	2043
228	456	684	912	1140	1368	1596	1824	2052
229	458	687	916	1145	1374	1603	1832	2061
231	462	693	924	1155	1386	1617	1848	2079
232	464	696	928	1160	1392	1624	1856	2088
233	466	699	932	1165	1398	1631	1864	2097
234	468	702	936	1170	1404	1638	1872	2106
235	470	705	940	1175	1410	1645	1880	2115
236	472	708	944	1180	1416	1652	1888	2124
237	474	711	948	1185	1422	1659	1896	2133
238	476	714	952	1190	1428	1666	1904	2142
239	478	717	956	1195	1434	1673	1912	2151
241	482	723	964	1205	1446	1687	1928	2169
242	484	726	968	1210	1452	1694	1936	2178
243	486	729	972	1215	1458	1701	1944	2187
244	488	732	976	1220	1464	1708	1952	2196
245	490	735	980	1225	1470	1715	1960	2205
246	492	738	984	1230	1476	1722	1968	2214
247	494	741	988	1235	1482	1729	1976	2223
248	496	744	992	1240	1488	1736	1984	2232
249	498	747	996	1245	1494	1743	1992	2241
251	502	753	1004	1255	1506	1757	2008	2259
252	504	756	1008	1260	1512	1764	2016	2268
253	506	759	1012	1265	1518	1771	2024	2277
254	508	762	1016	1270	1524	1778	2032	2286
255	510	765	1020	1275	1530	1785	2040	2295
256	512	768	1024	1280	1536	1792	2048	2304
257	514	771	1028	1285	1542	1799	2056	2313
258	516	774	1032	1290	1548	1806	2064	2322
259	518	777	1036	1295	1554	1813	2072	2331
261	522	783	1044	1305	1566	1827	2088	2349
262	524	786	1048	1310	1572	1834	2096	2358
263	526	789	1052	1315	1578	1841	2104	2367
264	528	792	1056	1320	1584	1848	2112	2376
265	530	795	1060	1325	1590	1855	2120	2385
266	532	798	1064	1330	1596	1862	2128	2394
267	534	801	1068	1335	1602	1869	2136	2403
268	536	804	1072	1340	1608	1876	2144	2412
269	538	807	1076	1345	1614	1883	2152	2421
271	542	813	1084	1355	1626	1897	2468	2439
272	544	816	1088	1360	1632	1904	2176	2448
273	546	819	1092	1365	1638	1911	2184	2457
274	548	822	1096	1370	1644	1918	2192	2466
275	550	825	1100	1375	1650	1925	2200	2475
276	552	828	1104	1380	1656	1932	2208	2484
277	554	831	1108	1385	1662	1939	2216	2493
278	556	834	1112	1390	1668	1946	2224	2502

1	2	3	4	5	6	7	8	9
279	558	837	1116	1395	1674	1953	2232	2511
281	562	843	1124	1405	1686	1967	2248	2529
282	564	846	1128	1410	1692	1974	2256	2538
283	566	849	1132	1415	1698	1981	2264	2547
284	568	852	1136	1420	1704	1988	2272	2556
285	570	855	1140	1425	1710	1995	2280	2565
286	572	858	1144	1430	1716	2002	2288	2574
287	574	861	1148	1435	1722	2009	2296	2583
288	576	864	1152	1440	1728	2016	2304	2592
289	578	867	1156	1445	1734	2023	2312	2601
291	582	873	1164	1455	1746	2037	2328	2619
292	584	876	1168	1460	1752	2044	2336	2628
293	586	879	1172	1465	1758	2051	2344	2637
294	588	882	1176	1470	1764	2058	2352	2646
295	590	885	1180	1475	1770	2065	2360	2655
296	592	888	1184	1480	1776	2072	2368	2664
297	594	891	1188	1485	1782	2079	2376	2673
298	596	894	1192	1490	1788	2086	2384	2682
299	598	897	1196	1495	1794	2093	2392	2691
301	602	903	1204	1505	1806	2107	2408	2709
302	604	906	1208	1510	1812	2114	2416	2718
303	606	909	1212	1515	1818	2121	2424	2727
304	608	912	1216	1520	1824	2128	2432	2736
305	610	915	1220	1525	1830	2135	2440	2745
306	612	918	1224	1530	1836	2142	2448	2754
307	614	921	1228	1535	1842	2149	2456	2763
308	616	924	1232	1540	1848	2156	2464	2772
309	618	927	1236	1545	1854	2163	2472	2781
311	622	933	1244	1555	1866	2177	2488	2799
312	624	936	1248	1560	1872	2184	2496	2808
313	626	939	1252	1565	1878	2191	2504	2817
314	628	942	1256	1570	1884	2198	2512	2826
315	630	945	1260	1575	1890	2205	2520	2835
316	632	948	1264	1580	1896	2212	2528	2844
317	634	951	1268	1585	1902	2219	2536	2853
318	636	954	1272	1590	1908	2226	2544	2862
319	638	957	1276	1595	1914	2233	2552	2871
321	642	963	1284	1605	1926	2247	2568	2889
322	644	966	1288	1610	1932	2254	2576	2898
323	646	969	1292	1615	1938	2261	2584	2907
324	648	972	1296	1620	1944	2268	2592	2916
325	650	975	1300	1625	1950	2275	2600	2925
326	652	978	1304	1630	1956	2282	2608	2934
327	654	981	1308	1635	1962	2289	2616	2943
328	656	984	1312	1640	1968	2296	2624	2952
329	658	987	1316	1645	1974	2303	2632	2961
331	662	993	1324	1655	1986	2317	2648	2979
332	664	996	1328	1660	1992	2324	2656	2988
333	666	999	1332	1665	1998	2331	2664	2997
334	668	1002	1336	1670	2004	2338	2672	3006

1	2	3	4	5	6	7	8	9
335	670	1005	1340	1675	2010	2345	2680	3015
336	672	1008	1344	1680	2016	2352	2688	3024
337	674	1011	1348	1685	2022	2359	2696	3033
338	676	1014	1352	1690	2028	2366	2704	3042
339	678	1017	1356	1695	2034	2373	2712	3051
341	682	1023	1364	1705	2046	2387	2728	3069
342	684	1026	1368	1710	2052	2394	2736	3078
343	686	1029	1372	1715	2058	2401	2744	3087
344	688	1032	1376	1720	2064	2408	2752	3096
345	690	1035	1380	1725	2070	2415	2760	3105
346	692	1038	1384	1730	2076	2422	2769	3114
347	694	1041	1388	1735	2082	2429	2776	3123
348	696	1044	1392	1740	2088	2436	2784	3132
349	698	1047	1396	1745	2094	2443	2792	3141
351	702	1053	1404	1755	2106	2457	2808	3159
352	704	1056	1408	1760	2112	2464	2816	3168
353	706	1059	1412	1765	2118	2471	2824	3177
354	708	1062	1416	1770	2124	2478	2832	3186
355	710	1065	1420	1775	2130	2485	2840	3195
356	712	1068	1424	1780	2136	2492	2848	3204
357	714	1071	1428	1785	2142	2499	2856	3213
358	716	1074	1432	1790	2148	2506	2864	3222
359	718	1077	1436	1795	2154	2513	2872	3231
361	722	1083	1444	1805	2166	2527	2888	3249
362	724	1086	1448	1810	2172	2534	2896	3258
363	726	1089	1452	1815	2178	2541	2904	3267
364	728	1092	1456	1820	2184	2548	2912	3276
365	730	1095	1460	1825	2190	2555	2920	3285
366	732	1098	1464	1830	2196	2562	2928	3294
367	734	1101	1468	1835	2202	2569	2936	3303
368	736	1104	1472	1840	2208	2576	2944	3312
369	738	1107	1476	1845	2214	2583	2952	3321
371	742	1113	1484	1855	2226	2597	2968	3339
372	744	1116	1488	1860	2232	2604	2976	3348
373	746	1119	1492	1865	2238	2611	2984	3357
374	748	1122	1496	1870	2244	2618	2992	3366
375	750	1125	1500	1875	2250	2625	3000	3375
376	752	1128	1504	1880	2256	2632	3008	3384
377	754	1131	1508	1885	2262	2639	3016	3393
378	756	1134	1512	1890	2268	2646	3024	3402
379	758	1137	1516	1895	2274	2653	3032	3411
381	762	1143	1524	1905	2286	2667	3048	3429
382	764	1146	1528	1910	2292	2674	3056	3438
383	766	1149	1532	1915	2298	2681	3064	3447
384	768	1152	1536	1920	2304	2688	3072	3456
385	770	1155	1540	1925	2310	2695	3080	3465
386	772	1158	1544	1930	2316	2702	3088	3474
387	774	1161	1548	1935	2322	2709	3096	3483
388	776	1164	1552	1940	2328	2716	3104	3492
389	778	1167	1556	1945	2334	2723	3112	3501

1	2	3	4	5	6	7	8	9
391	782	1173	1564	1955	2346	2737	3128	3519
392	784	1176	1568	1960	2352	2744	3136	3528
393	786	1179	1572	1965	2358	2751	3144	3537
394	788	1182	1576	1970	2364	2758	3152	3546
395	790	1185	1580	1975	2370	2765	3160	3555
396	792	1188	1584	1980	2376	2772	3168	3564
397	794	1191	1588	1985	2382	2779	3176	3573
398	796	1194	1592	1990	2388	2786	3184	3582
399	798	1197	1596	1995	2394	2793	3192	3591
401	802	1203	1604	2005	2406	2807	3208	3609
402	804	1206	1608	2010	2412	2814	3216	3618
403	806	1209	1612	2015	2418	2821	3224	3627
404	808	1212	1616	2020	2424	2828	3232	3636
405	810	1215	1620	2025	2430	2835	3240	3645
406	812	1218	1624	2030	2436	2842	3248	3654
407	814	1221	1628	2035	2442	2849	3256	3663
408	816	1224	1632	2040	2448	2856	3264	3672
409	818	1227	1636	2045	2454	2863	3272	3681
411	822	1233	1644	2055	2466	2877	3288	3699
412	824	1236	1648	2060	2472	2884	3296	3708
413	826	1239	1652	2065	2478	2891	3304	3717
414	828	1242	1656	2070	2484	2898	3312	3726
415	830	1245	1660	2075	2490	2905	3320	3735
416	832	1248	1664	2080	2496	2912	3328	3744
417	834	1251	1668	2085	2502	2919	3336	3753
418	836	1254	1672	2090	2508	2926	3344	3762
419	838	1257	1676	2095	2514	2933	3352	3771
421	842	1263	1684	2105	2526	2947	3368	3789
422	844	1266	1688	2110	2532	2954	3376	3798
423	846	1269	1692	2115	2538	2961	3384	3807
424	848	1272	1696	2120	2544	2968	3392	3816
425	850	1275	1700	2125	2550	2975	3400	3825
426	852	1278	1704	2130	2556	2982	3408	3834
427	854	1281	1708	2135	2562	2989	3416	3843
428	856	1284	1712	2140	2568	2996	3424	3852
429	858	1287	1716	2145	2574	3003	3432	3861
431	862	1293	1724	2155	2576	3017	3448	3879
432	864	1296	1728	2160	2592	3024	3456	3888
433	866	1299	1732	2165	2598	3031	3464	3897
434	868	1302	1736	2170	2604	3038	3472	3906
435	870	1305	1740	2175	2610	3045	3480	3915
436	872	1308	1744	2180	2616	3052	3488	3924
437	874	1311	1748	2185	2622	3059	3496	3933
438	876	1314	1752	2190	2628	3066	3504	3942
439	878	1317	1756	2195	2634	3073	3512	3951
441	882	1323	1764	2205	2646	3087	3528	3969
442	884	1326	1768	2210	2652	3094	3536	3978
443	886	1329	1772	2215	2658	3101	3544	3987
444	888	1332	1776	2220	2664	3108	3552	3996
445	890	1335	1780	2225	2670	3115	3560	4005

1	2	3	4	5	6	7	8	9
446	892	1338	1784	2230	2676	3122	3568	4014
447	894	1341	1788	2235	2682	3129	3576	4023
448	896	1344	1792	2240	2688	3136	3584	4032
449	898	1347	1796	2245	2694	3143	3592	4041
451	902	1353	1804	2255	2706	3157	3608	4059
452	904	1356	1808	2260	2712	3164	3616	4068
453	906	1359	1812	2265	2718	3171	3624	4077
454	908	1362	1816	2270	2724	3178	3632	4086
455	910	1365	1820	2275	2730	3185	3640	4095
456	912	1368	1824	2280	2736	3192	3648	4104
457	914	1371	1828	2285	2742	3199	3656	4113
458	916	1374	1832	3290	2748	3206	3664	4122
459	918	1377	1836	2295	2754	3213	3672	4131
461	922	1383	1844	2305	2766	3227	3688	4149
462	924	1386	1848	2310	2772	3234	3696	4158
463	926	1389	1852	2315	2778	3241	3704	4167
464	928	1392	1856	2320	2784	3248	3712	4176
465	930	1395	1860	2325	2790	3255	3720	4185
466	932	1398	1864	2330	2796	3262	3728	4194
467	934	1401	1868	2335	2802	3269	3736	4203
468	936	1404	1872	2340	2808	3276	3744	4212
469	938	1407	1876	2345	2814	3283	3752	4221
471	942	1413	1884	2355	2826	3297	3768	4239
472	944	1416	1888	2360	2832	3304	3776	4248
473	946	1419	1892	2365	2838	3311	3784	4257
474	948	1422	1896	2370	2844	3318	3792	4266
475	950	1425	1900	2375	2850	3325	3800	4275
476	952	1428	1904	2380	2856	3332	3808	4284
477	954	1431	1908	2385	2862	3339	3816	4293
478	956	1434	1912	2390	2868	3346	3824	4302
479	858	1437	1916	2395	2874	3353	3832	4311
481	962	1443	1924	2405	2886	3367	3848	4329
482	964	1446	1928	2410	2892	3374	3856	4338
483	966	1449	1932	2415	2898	3381	3864	4347
484	968	1452	1936	2420	2904	3388	3872	4356
485	970	1455	1940	2425	2910	3395	3880	4365
486	972	1458	1944	2430	2916	3402	3888	4374
487	974	1461	1948	2435	2922	3409	3896	4383
488	976	1464	1952	2440	2928	3416	3904	4392
489	978	1467	1956	2445	2934	3423	3912	4401
491	982	1473	1964	2455	2946	3437	3928	4419
492	984	1476	1968	2460	2952	3444	3936	4428
493	986	1479	1972	2465	2958	3451	3944	4437
494	988	1482	1976	2470	2964	3458	3952	4446
495	990	1485	1980	2475	2970	3465	3960	4455
496	992	1488	1984	2480	2976	3472	3968	4464
497	994	1491	1988	2485	2982	3479	3976	4473
498	996	1494	1992	2490	2988	3486	3984	4482
499	998	1497	1996	2495	2994	3493	3992	4491
501	1002	1503	2004	2505	3006	3507	4008	4509

1	2	3	4	5	6	7	8	9
502	1004	1506	2008	2510	3018	3514	4016	4518
503	1006	1509	2012	2515	3012	3521	4024	4527
504	1008	1512	2016	2520	3024	3528	4032	4536
505	1010	1515	2020	2525	3030	3535	4040	4545
506	1012	1518	2024	2530	3036	3542	4048	4554
507	1014	1521	2028	2535	3042	3549	4056	4563
508	1016	1524	2032	2540	3048	3556	4064	4572
509	1018	1527	2036	2545	3054	3563	4072	4581
511	1022	1533	2044	2555	3066	3577	4088	4599
512	1024	1536	2048	2560	3072	3584	4096	4608
513	1026	1539	2052	2565	3078	3591	4104	4617
514	1028	1542	2056	2570	3084	3598	4112	4626
515	1030	1545	2060	2575	3090	3605	4120	4635
516	1032	1548	2064	2580	3096	3612	4128	4644
517	1034	1551	2068	2585	3102	3619	4136	4653
518	1036	1554	2072	2590	3108	3626	4144	4662
519	1038	1557	2076	2595	3114	3633	4152	4671
521	1042	1563	2084	2605	3126	3647	4168	4689
522	1044	1566	2088	2610	3132	3654	4176	4698
523	1046	1569	2092	2615	3138	3661	4184	4707
524	1048	1572	2096	2620	3144	3668	4192	4816
525	1050	1575	2100	2625	3150	3675	4200	4725
526	1052	1578	2104	2630	3156	3682	4208	4734
527	1054	1581	2108	2635	3162	3689	4216	4743
528	1056	1584	2112	2640	3168	3696	4224	4752
529	1058	1587	2116	2645	3174	3703	4232	4761
531	1062	1593	2124	2655	3186	3717	4248	4779
532	1064	1596	2128	2660	3192	3724	4256	4788
533	1066	1599	2132	2665	3198	3731	4264	4797
534	1068	1602	2136	2670	3204	3738	4272	4806
535	1070	1605	2140	2675	3210	3745	4280	4815
536	1072	1608	2144	2680	3216	3752	4288	4824
537	1074	1611	2148	2685	3222	3759	4296	4833
538	1076	1614	2152	2690	3228	3766	4304	4842
539	1078	1617	2156	2695	3234	3773	4312	4851
541	1082	1623	2164	2705	3246	3787	4328	4869
542	1084	1626	2168	2710	3252	3794	4336	4878
543	1086	1629	2172	2715	3258	3801	4344	4887
544	1088	1632	2176	2720	3264	3808	4352	4896
545	1090	1635	2180	2725	3270	3815	4360	4905
546	1092	1638	2184	2730	3276	3822	4368	4914
547	1094	1641	2188	2735	3282	3829	4376	4923
548	1096	1644	2192	2740	3288	3836	4384	4932
549	1098	1647	2196	2745	3294	3843	4392	4941
551	1102	1653	2204	2755	3306	3857	4408	4959
552	1104	1656	2208	2760	3312	3864	4416	4968
553	1106	1659	2212	2765	3318	3871	4424	4977
554	1108	1662	2216	2770	3324	3878	4432	4986
555	1110	1665	2220	2775	3330	3885	4440	4995
556	1112	1668	2224	2780	3336	3892	4448	5004

1	2	3	4	5	6	7	8	9
557	1114	1671	2228	2785	3342	3899	4456	5013
558	1116	1674	2232	2790	3348	3906	4464	5022
559	1118	1677	2236	2795	3354	3913	4472	5031
561	1122	1683	2244	2805	3366	3927	4488	5049
562	1124	1686	2248	2810	3372	3934	4496	5058
563	1126	1689	2252	2815	3378	3941	4504	5067
564	1128	1692	2256	2820	3384	3948	4512	5076
565	1130	1695	2260	2825	3390	3955	4520	5085
566	1132	1698	2264	2830	3396	3962	4528	5094
567	1134	1701	2268	2835	3402	3969	4536	5103
568	1136	1704	2272	2840	3408	3976	4544	5112
569	1138	1707	2276	2845	3414	3983	4552	5121
571	1142	1713	2284	2855	3426	3997	4568	5139
572	1144	1716	2288	2860	3432	4004	4576	5148
573	1146	1719	2292	2865	3438	4011	4584	5157
574	1148	1722	2296	2870	3444	4018	4592	5166
575	1150	1725	2300	2875	3450	4025	4600	5175
576	1152	1728	2304	2880	3456	4032	4608	5184
577	1154	1731	2308	2885	3462	4039	4616	5193
578	1156	1734	2312	2890	3468	4046	4624	5202
579	1158	1737	2316	2895	3474	4053	4632	5211
581	1162	1743	2324	2905	3486	4067	4648	5229
582	1164	1746	2328	2910	3492	4074	4656	5238
583	1166	1749	2332	2915	3498	4081	4664	5247
584	1168	1752	2336	2920	3504	4088	4672	5256
585	1170	1755	2340	2925	3510	4095	4680	5265
586	1172	1758	2344	2930	3516	4102	4688	5274
587	1174	1761	2348	2935	3522	4109	4696	5283
588	1176	1764	2352	2940	3528	4116	4704	5292
589	1178	1767	2356	2945	3534	4123	4712	5301
591	1182	1773	2364	2955	3546	4137	4728	5319
592	1184	1776	2368	2960	3552	4144	4736	5328
593	1186	1779	2372	2965	3558	4151	4744	5337
594	1188	1782	2376	2970	3564	4158	4752	5346
595	1190	1785	2380	2975	3570	4165	4760	5355
596	1192	1788	2384	2980	3576	4172	4768	5364
597	1194	1791	2388	2985	3582	4179	4776	5373
598	1196	1794	2392	2990	3588	4186	4784	5382
599	1198	1797	2396	2995	3594	4193	4792	5391
601	1202	1803	2404	3005	3606	4207	4808	5409
602	1204	1806	2408	3010	3612	4214	4816	5418
603	1206	1809	2412	3015	3618	4221	4824	5427
604	1208	1812	2416	3020	3624	4228	4832	5436
605	1210	1815	2420	3025	3630	4235	4840	5445
606	1212	1818	2424	3030	3636	4242	4848	5454
607	1214	1821	2428	3035	3642	4249	4856	5463
608	1216	1824	2432	3040	3648	4256	4864	5472
609	1218	1827	2436	3045	3654	4263	4872	5481
611	1222	1833	2444	3055	3666	4277	4888	5499
612	1224	1836	2448	3060	3672	4284	4896	5508

1	2	3	4	5	6	7	8	9
613	1226	1839	2452	3065	3678	4291	4904	5517
614	1228	1842	2456	3070	3684	4298	4912	5526
615	1230	1845	2460	3075	3690	4305	4920	5535
616	1232	1848	2464	3080	3696	4312	4928	5544
617	1234	1851	2468	3085	3702	4319	4936	5553
618	1236	1854	2472	3090	3708	4326	4944	5562
619	1238	1857	2476	3095	3714	4333	4952	5571
621	1242	1863	2484	3105	3726	4347	4968	5589
622	1244	1866	2488	3110	3732	4354	4976	5598
623	1246	1869	2492	3115	3738	4361	4984	5607
624	1248	1872	2496	3120	3744	4368	4992	5616
625	1250	1875	2500	3125	3750	4375	5000	5625
626	1252	1878	2504	3130	3756	4382	5008	5634
627	1254	1881	2508	3135	3762	4389	5016	5643
628	1256	1884	2512	3140	3768	4396	5024	5652
629	1258	1887	2516	3145	3774	4403	5032	5661
631	1262	1893	2524	3155	3786	4417	5048	5679
632	1264	1896	2528	3160	3792	4424	5056	5688
633	1266	1899	2532	2165	3798	4431	5064	5697
634	1268	1902	2536	3170	3804	4438	5072	5706
635	1270	1905	2540	3175	3810	4445	5080	5715
636	1272	1908	2544	3180	3816	4452	5088	5724
637	1274	1911	2548	3185	3822	4459	5096	5733
638	1276	1914	2552	3190	3828	4466	5104	5742
639	1278	1917	2556	3195	3834	4473	5112	5751
641	1282	1923	2564	3205	3846	4487	5128	5769
642	1284	1926	2568	3210	3852	4494	5136	5778
643	1286	1929	2572	3215	3858	4501	5144	5787
644	1288	1932	2576	3220	3864	4508	5152	5796
645	1290	1935	2580	3225	3870	4515	5160	5805
646	1292	1938	2584	3230	3876	4522	5168	5814
647	1294	1941	2588	3235	3882	4529	5176	5823
648	1296	1944	2592	3240	3888	4536	5184	5832
649	1298	1947	2596	3245	3894	4543	5192	5841
651	1302	1953	2604	3255	3906	4557	5208	5859
652	1304	1956	2608	3260	3912	4564	5216	5868
653	1306	1956	2612	3265	3918	4571	5224	5877
654	1308	1962	2616	3270	3924	4578	5232	5886
655	1310	1965	2620	3275	3930	4585	5240	5895
656	1312	1968	2624	3280	3936	4592	5248	5904
657	1314	1971	2628	3285	3942	4599	5256	5913
658	1316	1974	2632	3290	3948	4606	5264	5922
659	1318	1977	2636	3295	3954	4613	5272	5931
661	1322	1983	2644	3305	3966	4627	5288	5949
662	1324	1986	2648	3310	3972	4634	5296	5958
663	1326	1989	2652	3315	3978	4641	5304	5967
664	1328	1992	2656	3320	3984	4648	5312	5976
665	1330	1995	2660	3325	3990	4655	5320	5985
666	1332	1998	2664	3330	3996	4662	5328	5994
667	1334	2001	2668	3335	4002	4669	5336	6002

1	2	3	4	5	6	7	8	9
668	1336	2004	2672	3340	4008	4676	5344	6012
669	1338	2007	2676	3345	4014	4683	5352	6021
671	1342	2013	2684	3355	4026	4697	5368	6039
672	1344	2016	2688	3360	4032	4704	5376	6048
673	1346	2019	2692	3365	4038	4711	5384	6057
674	1348	2022	2696	3370	4044	4718	5392	6066
675	1350	2025	2700	3375	4050	4725	5400	6075
676	1352	2028	2704	3380	4056	4732	5408	6084
677	1354	2031	2708	3385	4062	4739	5416	6093
678	1356	2034	2712	3390	4068	4746	5424	6102
679	1358	2037	2716	3395	4074	4753	5432	6111
681	1362	2043	2724	3405	4086	4767	5448	6129
682	1364	2046	2728	3410	4092	4774	5456	6138
683	1366	2049	2732	3415	4098	4781	5464	6147
684	1368	2052	2736	3420	4104	4788	5472	6156
685	1370	2055	2740	3425	4110	4795	5480	6165
686	1372	2058	2744	3430	4116	4802	5488	6174
687	1374	2061	2748	3435	4122	4809	5496	6183
688	1376	2064	2752	3440	4128	4816	5504	6192
689	1378	2067	2756	3445	4134	4823	5512	6201
691	1382	2073	2764	3455	4146	4837	5528	6219
692	1384	2076	2768	3460	4152	4844	5536	6228
693	1386	2079	2772	3465	4158	4851	5544	6237
694	1388	2082	2776	3470	4164	4858	5552	6246
695	1390	2085	2780	3475	4170	4865	5560	6255
696	1392	2088	2784	3480	4176	4872	5568	6264
697	1394	2091	2788	3485	4182	4879	5576	6273
698	1386	2094	2792	3490	4188	4886	5584	6282
699	1398	2097	2796	3495	4194	4893	5592	6291
701	1402	2103	2804	3505	4206	4907	5608	6309
702	1404	2106	2808	3510	4212	4914	5616	6318
703	1406	2109	2812	3515	4218	4921	5624	6327
704	1408	2112	2816	3520	4224	4928	5632	6336
705	1410	2115	2820	3525	4230	4935	5640	6345
706	1412	2118	2824	3530	4236	4942	5648	6354
707	1414	2121	2828	3535	4242	4949	5656	6363
708	1416	2124	2832	3540	4248	4956	5664	6372
709	1418	2127	2836	3545	4254	4963	5672	6381
711	1422	2133	2844	3555	4266	4977	5688	6399
712	1424	2136	2848	3560	4272	4984	5696	6408
713	1426	2139	2852	3565	4278	4991	5704	6417
714	1428	2142	2856	3570	4284	4998	5712	6426
715	1430	2145	2860	3575	4290	5005	5720	6435
716	1432	2148	2864	3580	4296	5012	5728	6444
717	1434	2151	2868	3585	4302	5019	5736	6453
718	1436	2154	2872	3590	4308	5026	5744	6462
719	1438	2157	2876	3595	4314	5033	5752	6471
721	1442	2163	2884	3605	4326	5047	5768	6489
722	1444	2166	2888	3610	4332	5054	5776	6498
723	1446	2169	2892	3615	4338	5061	5784	6507

1	2	3	4	5	6	7	8	9
724	1448	2172	2896	3620	4344	5068	5792	6516
725	1450	2175	2900	3625	4350	5075	5800	6525
726	1452	2178	2904	3630	4356	5082	5808	6534
727	1454	2181	2908	3635	4362	5089	5816	6543
728	1456	2184	2912	3640	4368	5096	5824	6552
729	1458	2187	2916	3645	4374	5103	5832	6561
731	1462	2193	2924	3655	4386	5117	5848	6579
732	1464	2196	2928	3660	4392	5124	5856	6588
733	1466	2199	2932	3665	4398	5131	5864	6597
734	1468	2202	2936	3670	4404	5138	5872	6606
735	1470	2205	2940	3675	4410	5145	5880	6615
736	1472	2208	2944	3680	4416	5152	5888	6624
737	1474	2211	2948	3685	4422	5159	5896	6633
738	1476	2214	2952	3690	4428	5166	5904	6642
739	1478	2217	2956	3695	4434	5173	5912	6651
741	1482	2223	2964	3705	4446	5187	5928	6669
742	1484	2226	2968	3710	4452	5194	5936	6678
743	1486	2229	2972	3715	4458	5201	5944	6687
744	1488	2232	2976	3720	4464	5208	5952	6696
745	1490	2235	2980	3725	4470	5215	5960	6705
746	1492	2238	2984	3730	4476	5222	5968	6714
747	1494	2241	2988	3735	4482	5229	5976	6723
748	1496	2244	2992	3740	4488	5236	5984	6732
749	1498	2247	2996	3745	4494	5243	5992	6741
751	1502	2253	3004	3755	4506	5257	6008	6759
752	1504	2256	3008	3760	4512	5264	6016	6768
753	1506	2259	3012	3765	4518	5271	6024	6777
754	1508	2262	3016	3770	4524	5278	6032	6786
755	1510	2265	3020	3775	4530	5285	6040	6795
756	1512	2268	3024	3780	4536	5292	6048	6804
757	1514	2271	3028	3785	4542	5299	6056	6813
758	1516	2274	3032	3790	4548	5306	6064	6822
759	1518	2277	3036	3795	4554	5313	6072	6831
761	1522	2283	3044	3805	4566	5327	6088	6849
762	1524	2286	3048	3810	4572	5334	6096	6858
763	1526	2289	3052	3815	4578	5341	6104	6867
764	1528	2292	3056	3820	4584	5348	6112	6876
765	1530	2295	3060	3825	4590	5355	6120	6885
766	1532	2298	3064	3830	4596	5362	6128	6894
767	1534	2301	3068	3835	4602	5369	6136	6903
768	1536	2304	3072	3840	4608	5376	6144	6912
769	1538	2307	3076	3845	4614	5383	6152	6921
771	1542	2313	3084	3855	4626	5397	6168	6939
772	1544	2316	3088	3860	4632	5404	6176	6948
773	1546	2319	3092	3865	4638	5411	6184	6957
774	1548	2322	3096	3870	4644	5418	6192	6966
775	1550	2325	3100	3875	4650	5425	6200	6975
776	1552	3328	3104	3880	4656	5432	6208	6984
777	1554	2331	3108	3885	4662	5439	6216	6993
778	1556	2334	3112	3890	4668	5446	6224	7002

1	2	3	4	5	6	7	8	9
779	1558	2337	3116	3895	4674	5453	6232	7011
781	1562	2343	3124	3905	4686	5467	6248	7029
782	1564	2346	3128	3910	4692	5474	6256	7038
783	1566	2349	3132	3915	4698	5481	6264	7047
784	1568	2352	3136	3920	4704	5488	6272	7056
785	1570	2355	3140	3925	4710	5495	6280	7065
786	1572	2358	3144	3930	4716	5502	6288	7074
787	1574	2361	3148	3935	4722	5509	6296	7083
788	1576	2364	3152	3940	4728	5516	6304	7092
789	1578	2367	3156	3945	4734	5523	6312	7101
791	1582	2373	3164	3955	4746	5537	6328	7119
792	1584	2376	3168	3960	4752	5544	6336	7128
793	1586	2379	3172	3965	4758	5551	6344	7137
794	1588	2382	3176	3970	4764	5558	6352	7146
795	1590	2385	3180	3975	4770	5565	6360	7155
796	1592	2388	3184	3980	4776	5572	6368	7164
797	1594	2381	3188	3985	4782	5579	6376	7173
798	1596	2394	3192	3990	4788	5586	6384	7182
799	1598	2397	3196	3995	4794	5593	6392	7191
801	1602	2403	3204	4005	4806	5607	6408	7209
802	1604	2406	3208	4010	4812	5614	6416	7218
803	1606	2409	3212	4015	4818	5621	6424	7227
804	1608	2412	3216	4020	4824	5628	6432	7236
805	1610	2415	3220	4025	4830	5635	6440	7245
806	1612	2418	3224	4030	4836	5642	6448	7254
807	1614	2421	3228	4035	4842	5649	6456	7263
808	1616	2424	3232	4040	4848	5656	6464	7272
809	1618	2427	3236	4045	4854	5663	6472	7281
811	1622	2433	3244	4055	4866	5677	6488	7299
812	1624	2436	3248	4060	4872	5684	6496	7308
813	1626	2439	3252	4065	4878	5691	6504	7317
814	1628	2442	3256	4070	4884	5698	6512	7326
815	1630	2445	3260	4075	4890	5705	6520	7335
816	1632	2448	3264	4080	4896	5712	6528	7344
817	1634	2451	3268	4085	4902	5719	6536	7353
818	1636	2454	3272	4090	4908	5726	6544	7362
819	1638	2457	3276	4095	4914	5733	6552	7371
821	1642	2463	3284	4105	4926	5747	6568	7389
822	1644	2466	3288	4110	4932	5754	6576	7398
823	1646	2469	3292	4115	4938	5761	6584	7407
824	1648	2472	3296	4120	4944	5768	6592	7416
825	1650	2475	3300	4125	4950	5775	6600	7425
826	1652	2478	3304	4130	4956	5782	6608	7434
827	1654	2481	3308	4135	4962	5789	6616	7443
828	1656	2484	3312	4140	4968	5796	6624	7452
829	1658	2487	3316	4145	4974	5803	6632	7461
831	1662	2493	3324	4155	4986	5817	6648	7479
832	1664	4496	3328	4160	4992	5824	6656	7488
833	1666	2499	3332	4165	4998	5831	6664	7497
834	1668	2502	3336	4170	5004	5838	6672	7506

1	2	3	4	5	6	7	8	9
835	1670	2505	3340	4175	5010	5845	6680	7515
836	1672	2508	3344	4180	5016	5852	6688	7524
837	1674	2511	3348	4185	5022	5859	6696	7533
838	1676	2514	3352	4190	5028	5866	6704	7542
839	1678	2517	3356	4195	5034	5873	6712	7551
841	1682	2523	3364	4205	5046	5887	6728	7569
842	1684	2526	3368	4210	5052	5894	6736	7578
843	1686	2529	3372	4215	5058	5901	6744	7587
844	1688	2532	3376	4220	5064	5908	6752	7596
845	1690	2535	3380	4225	5070	5915	6760	7605
846	1692	2538	3384	4230	5076	5922	6768	7614
847	1694	2541	3388	4235	5082	5929	6776	7623
848	1696	2544	3392	4240	5088	5936	6784	7632
849	1698	2547	3396	4245	5094	5943	6792	7641
851	1702	2553	3404	4255	5106	5957	6808	7659
852	1704	2556	3408	4260	5112	5964	6816	7668
853	1706	2559	3412	4265	5118	5971	6824	7677
854	1708	2562	3416	4270	5124	5978	6832	7686
855	1710	2565	3420	4275	5130	5985	6840	7695
856	1712	2568	3424	4280	5136	5992	6848	7704
857	1714	2571	3428	4285	5142	5999	6856	7713
858	1716	2574	3432	4290	5148	6006	6864	7722
859	1718	2577	3436	4295	5154	6013	6872	7731
861	1722	2583	3444	4305	5166	6027	6888	7749
862	1724	2586	3448	4310	5172	6034	6896	7758
863	1726	2589	3452	4315	5178	6041	6904	7767
864	1728	2592	3456	4320	5184	6048	6912	7776
865	1730	2595	3460	4325	5190	6055	6920	7785
866	1732	2598	3464	4330	5196	6062	6928	7794
867	1734	2601	3468	4335	5202	6069	6936	7803
868	1736	2604	3472	4340	5208	6076	6944	7812
869	1738	2607	3476	4345	5214	6083	6952	7821
871	1742	2613	3484	4355	5226	6097	6968	7839
872	1744	2616	3488	4360	5232	6104	6976	7848
873	1746	2619	3492	4365	5238	6111	6984	7857
874	1748	2622	3496	4370	5244	6118	6902	7866
875	1750	2625	3500	4375	5250	6125	7000	7875
876	1752	2628	3504	4380	5256	6132	7008	7884
877	1754	2631	3508	4385	5262	6139	7016	7893
878	1756	2634	3512	4390	5268	6146	7024	7902
879	1758	2637	3516	4395	5274	6153	7032	7911
881	1762	2643	3524	4405	5286	6167	7048	7929
882	1764	2646	3528	4910	5292	6174	7056	7938
883	1766	2649	3532	4415	5298	6181	7064	7947
884	1768	2652	3536	4420	5304	6188	7072	7956
885	1770	2655	3540	4425	5310	6195	7080	7965
886	1772	2658	3544	4430	5316	6202	7088	7974
887	1774	2661	3548	4435	5322	6209	7096	7983
888	1776	2664	3552	4440	5328	6216	7104	7992
889	1778	2667	3556	4445	5334	6223	7112	8001

1	2	3	4	5	6	7	8	9
891	1782	2673	3564	4455	5346	6237	7128	8019
892	1784	2676	3568	4460	5352	6244	7136	8028
893	1786	2679	3572	4465	5358	6251	7144	8037
894	1788	2682	3576	4470	5364	6258	7152	8046
895	1790	2685	3580	4475	5370	6265	7160	8055
896	1792	2688	3584	4480	5376	6272	7168	8064
897	1794	2691	3588	4485	5382	6279	7176	8073
898	1796	2694	3592	4490	5388	6286	7184	8082
899	1798	2697	3596	4495	5394	6293	7192	8091
901	1802	2703	3604	4505	5406	6307	7208	8109
902	1804	2706	3608	4510	5412	6314	7216	8118
903	1806	2709	3612	4515	5418	6321	7224	8127
904	1808	2712	3616	4520	5424	6328	7232	8136
905	1810	2715	3620	4525	5430	6335	7240	8145
906	1812	2718	3624	4530	5436	6342	7248	8154
907	1814	2721	3628	4535	5442	6349	7256	8163
908	1816	2724	3632	4540	5448	6356	7264	8172
909	1818	2727	3636	4545	5454	6363	7272	8181
911	1822	2733	3644	4555	5466	6377	7288	8199
912	1824	2736	3648	4560	5472	6384	7296	8208
913	1826	2739	3652	4565	5478	6391	7304	8217
914	1828	2742	3656	4570	5484	6398	7312	8226
915	1830	2745	3660	4575	5490	6405	7320	8235
916	1832	2748	3664	4580	5496	6412	7328	8244
917	1834	2751	3668	4585	5502	6419	7336	8253
918	1836	2754	3672	4590	5508	6426	7344	8262
919	1838	2757	3676	4595	5514	6433	7352	8271
921	1842	2763	3684	4605	5526	6447	7368	8289
922	1844	2766	3688	4610	5532	6454	7376	8298
923	1846	2769	3692	4615	5538	6461	7384	8307
924	1848	2772	3696	4620	5544	6468	7392	8316
925	1850	2775	3700	4625	5550	6475	7400	8325
926	1852	2778	3704	4630	5556	6482	7408	8334
927	1854	2781	3708	4635	5562	6489	7416	8343
928	1856	2784	3712	4640	5568	6496	7424	8352
929	1858	2787	3716	4645	5574	6503	7432	8361
931	1862	2793	3724	4655	5586	6517	7448	8379
932	1864	2796	3728	4660	5592	6524	7456	8388
933	1866	2799	3732	4665	5598	6531	7464	8397
934	1868	2802	3736	4670	5604	6538	7472	8406
935	1870	2805	3740	4675	5610	6545	7480	8415
936	1872	2808	3744	4680	5616	6552	7488	8424
937	1874	2811	3748	4685	5622	6559	7496	8433
938	1876	2814	3752	4690	5628	6566	7504	8442
939	1878	2817	3756	4695	5634	6573	7512	8451
941	1882	2823	3764	4705	5646	6587	7528	8469
942	1884	2826	3768	4710	5652	6594	7536	8478
943	1886	2829	3772	4715	5658	6601	7544	8487
944	1888	2832	3776	4720	5664	6608	7552	8496
945	1890	2835	3780	4725	5670	6615	7560	8505

1	2	3	4	5	6	7	8	9
946	1892	2838	3784	4730	5676	6622	7568	8514
947	1894	2841	3788	4735	5682	6629	7576	8523
948	1896	2844	3792	4740	5688	6636	7584	8532
949	1898	2847	3796	4745	5694	6643	7592	8541
951	1902	2853	3804	4755	5706	6657	7608	8559
952	1904	2856	3808	4760	5712	6664	7616	8568
953	1906	2859	3812	4765	5718	6671	7624	8577
954	1908	2862	3816	4770	5724	6678	7632	8586
955	1910	2865	3820	4775	5730	6685	7640	8595
956	1912	2868	3824	4780	5736	6692	7648	8604
957	1914	2871	3828	4785	5742	6699	7656	8613
958	1916	2874	3832	4790	5748	6706	7664	8622
959	1918	2877	3836	4795	5754	6713	7672	8631
961	1922	2883	3844	4805	5766	6727	7688	8649
962	1924	2886	3848	4810	5772	6734	7696	8658
963	1926	2889	3852	4815	5778	6741	7704	8667
964	1928	2892	3856	4820	5784	6748	7712	8676
965	1930	2895	3860	4825	5790	6755	7720	8685
966	1932	2898	3864	4830	5796	6762	7728	8694
967	1934	2901	3868	4835	5802	6769	7736	8703
968	1936	2904	3872	4840	5808	6776	7744	8712
969	1938	2907	3876	4845	5814	6783	7752	8721
871	1942	2913	3884	4855	5826	6797	7768	8739
972	1944	2916	3888	4860	5832	6804	7776	8748
973	1946	2919	3892	4865	5838	6811	7784	8757
974	1948	2922	3896	4870	5844	6818	7792	8766
975	1950	2925	3900	4875	5850	6825	7800	8775
976	1952	2928	3904	4880	5856	6832	7808	8784
977	1954	2931	3908	4885	5862	6839	7816	8793
978	1956	2934	3912	4890	5868	6846	7824	8802
979	1958	2937	3916	4895	5874	6853	7832	8811
981	1962	2943	3924	4905	5886	6867	7848	8829
982	1964	2946	3928	4910	5892	6874	7856	8838
983	1966	2949	3932	4915	5898	6881	7864	8847
984	1968	2952	3936	4920	5904	6888	7872	8856
985	1970	2955	3940	4925	5910	6895	7880	8865
986	1972	2958	3944	4930	5916	6902	7888	8874
987	1974	2961	3948	4935	5922	6909	7896	8883
988	1976	2964	3952	4940	5928	6916	7904	8892
989	1978	2967	2956	4945	5934	6923	7912	8901
991	1982	2973	3964	4955	5946	6937	7928	8919
992	1984	2976	3968	4960	5952	6944	7936	8928
993	1986	2979	3972	4965	5958	6951	7944	8937
994	1988	2982	3976	4970	5964	6958	7952	8946
995	1990	2985	3980	4975	5970	6965	7960	8955
996	1992	2988	3984	4980	5976	6972	7968	8964
997	1994	2991	3988	4985	5982	6979	7976	8973
998	1996	2994	3992	4990	5988	6986	7984	8982
999	1998	2997	3996	4995	5994	6993	7992	8991
1001	2002	3003	4004	5005	6006	7007	8008	9009

1	2	3	4	5	6	7	8	9
1002	2004	3006	4008	5010	6012	7014	8016	9018
1003	2006	3009	4012	5015	6018	7021	8024	9027
1004	2008	3012	4016	5020	6024	7028	8032	9036
1005	2010	3015	4020	5025	6030	7035	8040	9045
1006	2012	3018	4024	5030	6036	7042	8048	9054
1007	2014	3021	4028	5035	6042	7049	8056	9063
1008	2016	3024	4032	5040	6048	7056	8064	9072
1009	2018	3027	4036	5045	6054	7063	8072	9081
1011	2022	3033	4044	5055	6066	7077	8088	9099
1012	2024	3036	4048	5060	6072	7084	8096	9108
1013	2026	3039	4052	5065	6078	7091	8104	9117
1014	2028	3042	4056	5070	6084	7098	8112	9126
1015	2030	3045	4060	5075	6090	7105	8120	9135
1016	2032	3048	4064	5080	6096	7112	8128	9144
1017	2034	3051	4068	5085	6102	7119	8136	9153
1018	2036	3054	4072	5090	6108	7126	8144	9162
1019	2038	3057	4076	5095	6114	7133	8152	9171
1021	2042	3063	4084	5105	6126	7147	8168	9189
1022	2044	3066	4088	5110	6132	7154	8176	9198
1023	2046	3069	4082	5115	6138	7161	8184	9207
1024	2048	3072	4096	5120	6144	7168	8192	9216
1025	2050	3075	4100	5125	6150	7175	8200	9225
1026	2052	3078	4104	5130	6156	7182	8208	9234
1027	2054	3081	4108	5135	6162	7189	8216	9243
1028	2056	3084	4112	5140	6168	7196	8224	9252
1029	2058	3087	4116	5145	6174	7203	8232	9261
1031	2062	3093	4124	5155	6186	7217	8248	9279
1032	2064	3096	4128	5160	6192	7224	8256	9288
1033	2066	3099	4132	5165	6198	7231	8264	9297
1034	2068	3102	4136	5170	6204	7238	8272	9306
1035	2070	3105	4140	5175	6210	7245	8280	9315
1036	2072	3108	4144	5180	6216	7252	8288	9324
1037	2074	3111	4148	5185	6222	7259	8296	9333
1038	2076	3114	4152	5190	6228	7266	8304	9342
1039	2078	3117	4156	5195	6234	7273	8312	9351
1041	2082	3123	4164	5205	6246	7287	8328	9369
1042	2084	3126	4168	5210	6252	7294	8336	9378
1043	2086	3129	4172	5215	6258	7301	8344	9387
1044	2088	3132	4176	5220	6264	7308	8352	9396
1045	2090	3135	4180	5225	6270	7315	8360	9405
1046	2092	3138	4184	5230	6276	7322	8368	9414
1047	2094	3141	4188	5235	6282	7329	8376	9423
1048	2096	3144	4192	5240	6288	7336	8384	9432
1049	2098	3147	4196	5245	6294	7343	8392	9441
1051	2102	3153	4204	5255	6306	7357	8408	9459
1052	2104	3156	4208	5260	6312	7364	8416	9468
1053	2106	3159	4212	5265	6318	7371	8424	9477
1054	2108	3162	4216	5270	6324	7378	8432	9486
1055	2110	3165	4220	5275	6330	7385	8440	9495
1056	2112	3168	4224	5280	6336	7392	8448	9504

1	2	3	4	5	6	7	8	9
1057	2114	3171	4228	5285	6342	7399	8456	9513
1058	2116	3174	4232	5290	6348	7406	8464	9522
1059	2118	3177	4236	5295	6354	7413	8472	9531
1061	2122	3183	4244	5305	6366	7427	8488	9549
1062	2124	3186	4248	5310	6372	7434	8496	9558
1063	2126	3189	4252	5315	6378	7441	8504	9567
1064	2128	3192	4256	5320	6384	7448	8512	9576
1065	2130	3195	4260	5325	6390	7455	8520	9585
1066	2132	3198	4264	5330	6396	7462	8528	9594
1067	2134	3201	4268	5335	6402	7469	8536	9603
1068	2136	3204	4272	5340	6408	7476	8544	9612
1069	2138	3207	4276	5345	6414	7483	8552	9621
1071	2142	3213	4284	5355	6426	7497	8568	9639
1072	2144	3216	4288	5360	6432	7504	8576	9648
1073	2146	3219	4292	5365	6438	7511	8584	9657
1074	2148	3222	4296	5370	6444	7518	8592	9666
1075	2150	3225	4300	5375	6450	7525	8600	9675
1076	2152	3228	4304	5380	6456	7532	8608	9684
1077	2154	3231	4308	5385	6462	7539	8616	9693
1078	2156	3234	4312	5390	6468	7546	8624	9702
1079	2158	3237	4316	5395	6474	7553	8632	9711
1081	2162	3243	4324	5405	6486	7567	8648	9729
1082	2164	3246	4328	5410	6492	7574	8656	9738
1083	2166	3249	4332	5415	6498	7581	8664	9747
1084	2168	3262	4336	5420	6504	7588	8672	9756
1085	2170	3255	4340	5425	6510	7595	8680	9765
1086	2172	3258	4344	5430	6516	7602	8688	9774
1087	2174	3261	4348	5435	6522	7609	8696	9783
1088	2176	3264	4352	5440	6528	7616	8704	9792
1089	2178	3367	4356	5445	6534	7623	8712	9801
1091	2182	3273	4364	5455	6546	7637	8728	9819
1092	2184	3276	4368	5460	6552	7644	8736	9828
1093	2186	3279	4372	5465	6558	7651	8744	9837
1094	2188	3282	4376	5470	6564	7658	8752	9846
1095	2190	3385	4380	5475	6570	7665	8760	9855
1096	2192	3288	4384	5480	6576	7672	8768	9864
1097	2194	3291	4388	5485	6582	7679	8776	9873
1098	2196	3294	4392	5490	6588	7686	8784	9882
1099	2198	3297	4396	5495	6594	7693	8792	9891
1101	2202	3303	4404	5505	6606	7707	8808	9909
1102	2204	3306	4408	5510	6612	7714	8816	9918
1103	2206	3309	4412	5515	6618	7721	8824	9927
1104	2208	3312	4416	5520	6624	7728	8832	9936
1105	2210	3315	4420	5525	6630	7735	8840	9945
1106	2212	3318	4424	5530	6636	7742	8848	9954
1107	2214	3321	4428	5535	6642	7749	8856	9963
1108	2216	3324	4432	5540	6648	7756	8864	9972
1109	2218	3327	4436	5545	6654	7763	8872	9981
1111	2222	3333	4444	5555	6666	7777	8888	9999
1112	2224	3336	4448	5560	6672	7784	8896	10008

1	2	3	4	5	6	7	8	9
1113	2226	3339	4452	5565	6678	7791	8904	10017
1114	2228	3342	4456	5570	6684	7798	8912	10026
1115	2230	3345	4460	5575	6690	7805	8920	10035
1116	2232	3348	4464	5580	6696	7812	8928	10044
1117	2234	3351	4468	5585	6702	7819	8936	10053
1118	2236	3354	4472	5590	6708	7826	8944	10062
1119	2238	3357	4476	5595	6714	7833	8952	10071
1121	2242	3363	4484	5605	6726	7847	8968	10089
1122	2244	3366	4488	5610	6732	7854	8976	10098
1123	2246	3369	4492	5615	6738	7861	8984	10107
1124	2248	3372	4496	5620	6744	7868	8992	10116
1125	2250	3375	4500	5625	6750	7875	9000	10125
1126	2252	3378	4504	5630	6756	7882	9008	10134
1127	2254	3381	4508	5635	6762	7889	9016	10143
1128	2256	3384	4512	5640	6768	7896	9024	10152
1129	2258	3387	4516	5645	6774	7903	9032	10161
1131	2262	3393	4524	5655	6786	7917	9048	10179
1132	2264	3396	4528	5660	6792	7924	9056	10188
1133	2266	3399	4532	5665	6798	7931	9064	10197
1134	2278	3402	4536	5670	6804	7938	9072	10206
1135	2270	3405	4540	5675	6810	7945	9080	10215
1136	2272	3408	4544	5680	6816	7952	9088	10224
1137	2274	3411	4548	5685	6822	7959	9096	10233
1138	2276	3414	4552	5690	6828	7966	9104	10242
1139	2278	3417	4556	5695	6834	7973	9112	10251
1141	2282	3423	4564	5705	6846	7987	9128	10269
1142	2284	3426	4568	5710	6852	7994	9136	10278
1143	2286	3429	4572	5715	6858	8001	9144	10287
1144	2288	3432	4576	5720	6864	8008	9152	10296
1145	2290	3435	4580	5725	6870	8015	9160	10305
1146	2292	3438	4584	5730	6876	8022	9168	10314
1147	2294	3441	4588	5735	6882	8029	9176	10323
1148	2296	3444	4592	5740	6888	8036	9184	10332
1149	2298	3447	4596	5745	6894	8043	9192	10341
1151	2302	3453	4604	5755	6906	8057	9208	10359
1152	2304	3456	4608	5760	6912	8064	9216	10368
1153	2306	3459	4612	5765	6918	8071	9224	10377
1154	2308	3462	4616	5770	6924	8078	9232	10386
1155	2310	3465	4620	5775	6930	8085	9240	10395
1156	2312	3468	4624	5780	6936	8092	9248	10404
1157	2314	3471	4628	5785	6942	8099	9256	10413
1158	2316	3474	4632	5790	6948	8106	9264	10422
1159	2318	3477	4636	5795	6954	8113	9272	10431
1161	2322	3483	4644	5805	6966	8127	9288	10449
1162	2324	3486	4648	5810	6972	8134	9296	10458
1163	2326	3489	4652	5815	6978	8141	9304	10467
1164	2328	3492	4656	5820	6984	8148	9312	10476
1165	2330	3495	4660	5825	6990	8155	9320	10485
1166	2332	3498	4664	5830	6996	8162	9328	10494
1167	2334	3501	4668	5835	7002	8169	9336	10503

1	2	3	4	5	6	7	8	9
1168	2336	3504	4672	5840	7008	8176	9344	10512
1169	2338	3507	4676	5845	7014	8183	9352	10521
1171	2342	3513	4684	5855	7026	8197	9368	10539
1172	2344	3516	4688	5860	7032	8204	9376	10548
1173	2346	3519	4692	5865	7038	8211	9384	10557
1174	2348	3522	4696	5870	7044	8218	9392	10566
1175	2350	3525	4700	5875	7050	8225	9400	10575
1176	2352	3528	4704	5880	7056	8232	9408	10584
1177	2354	3531	4708	5885	7062	8239	9416	10593
1178	2356	3534	4712	5890	7068	8246	9424	10602
1179	2358	3537	4716	5895	7074	8253	9432	10611
1181	2362	3543	4724	5905	7086	8267	9448	10629
1182	2364	3546	4728	5910	7092	8274	9456	10638
1183	2366	3549	4722	5915	7098	8281	9464	10647
1184	2368	3552	4736	5920	7104	8288	9472	10656
1185	2370	3555	4740	5925	7110	8295	9480	10665
1186	2372	3558	4744	5930	7116	8302	9488	10674
1187	2374	3561	4748	5935	7122	8309	9496	10683
1188	2376	3564	4752	5940	7128	8316	9504	10692
1189	2378	3567	4756	5945	7134	8323	9512	10701
1191	2382	3573	4764	5955	7146	8337	9528	10719
1192	2384	3576	4768	5960	7152	8344	9536	10728
1193	2386	3579	4772	5965	7158	8351	9544	10737
1194	2388	3582	4776	5970	7164	8358	9552	10746
1195	2390	3585	4780	5975	7170	8365	9560	10755
1196	2392	3588	4784	5980	7176	8372	9568	10764
1197	2394	3591	4788	5985	7182	8379	9576	10773
1198	2396	3594	4792	5990	7188	8386	9584	10782
1199	2398	3597	4796	5995	7194	8393	9592	10791
1201	2402	3603	4804	6005	7206	8407	9608	10809
1202	2404	3606	4808	6010	7212	8414	9616	10818
1203	2406	3609	4812	6015	7218	8421	9624	10827
1204	2408	3612	4816	6020	7224	8428	9632	10836
1205	2410	3615	4820	6025	7230	8435	9640	10845
1206	2412	3618	4824	6030	7236	8442	9648	10854
1207	2414	3621	4828	6035	7242	8449	9656	10863
1208	2416	3624	4832	6040	7248	8456	9664	10872
1209	2418	3627	4836	6045	7254	8463	9672	10881
1211	2422	3633	4844	6055	7266	8477	9688	10899
1212	2424	3636	4848	6060	7272	8484	9696	10908
1213	3426	3639	4852	6065	7278	8491	9704	10917
1214	2428	3642	4856	6070	7284	8498	9712	10926
1215	2430	3645	4860	6075	7290	8505	9720	10935
1216	2432	3648	4864	6080	7296	8512	9728	10944
1217	2434	3651	4868	6085	7302	8519	9736	10953
1218	2436	3654	4872	6090	7308	8526	9744	10962
1219	2438	3657	4876	6095	7314	8533	9752	10971
1221	2442	3663	4884	6105	7326	8547	9768	10989
1222	2444	3666	4888	6110	7332	8554	9776	10998
1223	2446	3669	4892	6115	7338	8561	9784	11007

1	2	3	4	5	6	7	8	9
1224	2448	3672	4896	6120	7344	8568	9792	11016
1225	2450	3675	4900	6125	7350	8575	9800	11025
1226	2452	3678	4904	6130	7356	8582	9808	11034
1227	2454	3681	4908	6135	7362	8589	9816	11043
1228	2456	3684	4912	6140	7363	8596	9824	11052
1229	2458	3687	4916	6145	7374	8603	9832	11061
1231	2462	3693	4924	6155	7386	8617	9848	11079
1232	2464	3696	4928	6160	7392	8624	9856	11088
1233	2466	3699	4932	6165	7398	8631	9864	11097
1234	2468	3702	4936	6170	7404	8638	9872	11106
1235	2470	3705	4940	6175	7410	8645	9880	11115
1236	2472	3708	4944	6180	7416	8652	9888	11124
1237	2474	3711	4948	6185	7422	8659	9896	11133
1238	2476	3714	4952	6190	7428	8666	9904	11142
1239	2478	3717	4956	6195	7434	8673	9912	11151
1241	2482	3723	4964	6205	7446	8687	9928	11169
1242	2484	3726	4968	6210	7452	8694	9936	11178
1243	2486	3729	4972	6215	7458	8701	9944	11187
1244	2488	3732	4976	6220	7464	8708	9952	11196
1245	2490	3735	4980	6225	7470	8715	9960	11205
1246	2492	3738	4984	6230	7476	8722	9968	11214
1247	2494	3741	4988	6235	7482	8729	9976	11223
1248	2496	3744	4992	6240	7488	8736	9984	11232
1249	2498	3747	4996	6245	7494	8743	9992	11241
1251	2502	3753	5004	6255	7506	8757	10008	11259
1252	2504	3756	5008	6260	7512	8764	10016	11268
1253	2506	3759	5012	6265	7518	8771	10024	11277
1254	2508	3762	5016	6270	7524	8778	10032	11286
1255	2510	3765	5020	6275	7530	8785	10040	11295
1256	2512	3768	5024	6280	7536	8792	10048	11304
1257	2514	3771	5028	6285	7542	8799	10056	11313
1258	2516	3774	5032	6290	7548	8806	10064	11322
1259	2518	3777	5036	6295	7554	8813	10072	11331
1261	2522	3783	5044	6305	7566	8827	10088	11349
1262	2524	3786	5048	6310	7572	8834	10096	11358
1263	2526	3789	5052	6315	7578	8841	10104	11367
1264	2528	3792	5056	6320	7584	8848	10112	11376
1265	2530	3795	5060	6325	7590	8855	10120	11385
1266	2532	3798	5064	6330	7596	8862	10128	11394
1267	2534	3801	5068	6335	7602	8869	10136	11403
1268	2536	3804	5072	6340	7608	8876	10144	11412
1269	2538	3807	5076	6345	7614	8883	10152	11421
1271	2542	3813	5084	6355	7626	8897	10168	11439
1272	2544	3816	5088	6360	7632	8904	10176	11448
1273	2546	3819	5092	6365	7638	8911	10184	11457
1274	2548	3822	5096	6370	7644	8918	10192	11466
1275	2550	3825	5100	6375	7650	8925	10200	11475
1276	2552	3828	5104	6380	7656	8932	10208	11484
1277	2554	3831	5108	6385	7662	8939	10216	11493
1278	2556	3834	5112	6390	7668	8946	10224	11502

1	2	3	4	5	6	7	8	9
1279	2558	3837	5116	6395	7674	8953	10232	11511
1281	2562	3843	5124	6405	7686	8967	10248	11529
1282	2564	3846	5128	6410	7692	8974	10256	11538
1283	2566	3849	5132	6415	7698	8981	10264	11547
1284	2568	3852	5136	6420	7704	8988	10272	11556
1285	2570	3855	5140	6425	7710	8995	10280	11565
1286	2572	3858	5144	6430	7716	9002	10288	11574
1287	2574	3861	5148	6435	7722	9009	10296	11583
1288	2576	3864	5152	6440	7728	9016	10304	11592
1289	2578	3867	5156	6445	7734	9023	10312	11601
1291	2582	3873	5164	6455	7746	9037	10328	11619
1292	2584	3876	5168	6460	7752	9044	10336	11628
1293	2586	3879	5172	6465	7758	9051	10344	11637
1294	2588	3882	5176	6470	7764	9058	10352	11646
1295	2590	3885	5180	6475	7770	9065	10360	11655
1296	2592	3888	5184	6480	7776	9072	10368	11664
1297	2594	3891	5188	6485	7782	9079	10376	11673
1298	2596	3894	5192	6490	7788	9086	10384	11682
1299	2598	3897	5196	6495	7794	9093	10392	11691
1301	2602	3903	5204	6505	7806	9107	10408	11709
1302	2604	3906	5208	6510	7812	9114	10416	11718
1303	2606	3909	5212	6515	7818	9121	10424	11727
1304	2608	3912	5216	6520	7824	9128	10432	11736
1305	2610	3915	5220	6525	7830	9135	10440	11745
1306	2612	3918	5224	6530	7836	9142	10448	11754
1307	2614	3921	5228	6535	7842	9149	10456	11763
1308	2616	3924	5232	6540	7848	9156	10464	11772
1309	2618	3927	5236	6545	7854	9163	10472	11781
1311	2622	3933	5244	6555	7866	9177	10488	11799
1312	2624	3936	5248	6560	7872	9184	10496	11808
1313	2626	3939	5252	6565	7878	9191	10504	11817
1314	2628	3942	5256	6570	7884	9198	10512	11826
1315	2630	3945	5260	6575	7890	9205	10520	11835
1316	2632	3948	5264	6580	7896	9212	10528	11844
1317	2634	3951	5268	6585	7902	9219	10536	11853
1318	2636	3954	5272	6590	7908	9226	10544	11862
1319	2638	3957	5276	6595	7914	9233	10552	11871
1321	2642	3963	5284	6605	7926	9247	10568	11889
1322	2644	3966	5288	6610	7932	9254	10576	11898
1323	2646	3969	5292	6615	7938	9261	10584	11907
1324	2648	3972	5296	6620	7944	9268	10592	11916
1325	2650	3975	5300	6625	7950	9275	10600	11925
1326	2652	3978	5304	6630	7956	9282	10608	11934
1327	2654	3981	5308	6635	7962	9289	10616	11943
1328	2656	3984	5312	6640	7968	9296	10624	11952
1329	2658	3987	5316	6645	7974	9303	10632	11961
1331	2662	3993	5324	6655	7986	9317	10648	11979
1332	2664	3996	5328	6660	7992	9324	10656	11988
1333	2666	3999	5332	6665	7998	9331	10664	11997
1334	2668	4002	5336	6670	8004	9338	10672	12006

1	2	3	4	5	6	7	8	9
1335	2670	4005	5340	6675	8010	9345	10680	12015
1336	2672	4008	5344	6680	8016	9352	10688	12024
1337	2674	4011	5348	6685	8022	9359	10696	12033
1338	2676	4014	5352	6690	8028	9366	10704	12042
1339	2678	4017	5356	6695	8034	9373	10712	12051
1341	2682	4023	5364	6705	8046	9387	10728	12069
1342	2684	4026	5368	6710	8052	9394	10736	12078
1343	2686	4029	5372	6715	8058	9401	10744	12087
1344	2688	4032	5376	6720	8064	9408	10752	12096
1345	2690	4035	5380	6725	8070	9415	10760	12105
1346	2692	4038	5384	6730	8076	9422	10768	12114
1347	2694	4041	5388	6735	8082	9429	10776	12123
1348	2696	4044	5392	6740	8088	9436	10784	12132
1349	2698	4047	5396	6745	8094	9443	10792	12141
1351	2702	4053	5404	6755	8106	9457	10808	12159
1352	2704	4056	5408	6760	8112	9464	10816	12168
1353	2706	4059	5412	6765	8118	9471	10824	12177
1354	2708	4062	5416	6770	8124	9478	10832	12186
1355	2710	4065	5420	6775	8130	9485	10840	12195
1356	2712	4068	5424	6780	8136	9492	10848	12204
1357	2714	4071	5428	6785	8142	9499	10856	12213
1358	2716	4074	5432	6790	8148	9506	10864	12222
1359	2718	4077	5436	6795	8154	9513	10872	12231
1361	2722	4083	5444	6805	8166	9527	10888	12249
1362	2724	4086	5448	6810	8172	9534	10896	12258
1363	2726	4089	5452	6815	8178	9541	10904	12267
1364	2728	4092	5456	6820	8184	9548	10912	12276
1365	2730	4095	5460	6825	8190	9555	10920	12285
1366	2732	4098	5464	6830	8196	9562	10928	12294
1367	2734	4101	5468	6835	8202	9569	10936	12303
1368	2736	4104	5472	6840	8208	9576	10944	12312
1369	2738	4107	5476	6845	8214	9583	10952	12321
1371	2742	4113	5484	6855	8226	9597	10968	12339
1372	2744	4116	5488	6860	8232	9604	10976	12348
1373	2746	4119	5492	6865	8238	9611	10984	12357
1374	2748	4122	5496	6870	8244	9618	10992	12366
1375	2750	4125	5500	6875	8250	9625	11000	12375
1376	2752	4128	5504	6880	8256	9632	11008	12384
1377	2754	4131	5508	6885	8262	9639	11016	12393
1378	2756	4134	5512	6890	8268	9646	11024	12402
1379	2758	4137	5516	6895	8274	9653	11032	12411
1381	2762	4143	5524	6905	8286	9667	11048	12429
1382	2764	4146	5528	6910	8292	9674	11056	13438
1383	2766	4149	5532	6915	8298	9681	11064	12447
1384	2768	4152	5536	6920	8304	9688	11072	12456
1385	2770	4155	5540	6925	8310	9695	11080	12465
1386	2772	4158	5544	6930	8316	9702	11088	12474
1387	2774	4161	5548	6935	8322	9709	11096	12483
1388	2776	4164	5552	6940	8328	9716	11104	12492
1389	2778	4167	5556	6945	8334	9723	11112	12501

2*

1	2	3	4	5	6	7	8	9
1391	2782	4173	5564	6955	8346	9737	11128	12519
1392	2784	4176	5568	6960	8352	9744	11136	12528
1393	2786	4179	5572	6965	8358	9751	11144	12537
1394	2788	4182	5576	6970	8364	9758	11152	12546
1395	2790	4185	5580	6975	8370	9765	11160	12555
1396	2792	4188	5584	6980	8376	9772	11168	12564
1397	2794	4191	5588	6985	8382	9779	11176	12573
1398	2796	4194	5592	6990	8388	9786	11184	11582
1399	2798	4197	5596	6995	8394	9793	11192	12591
1401	2802	4203	5604	7005	8406	9807	11208	12609
1402	2804	4206	5608	7010	8412	9814	11216	12618
1403	2806	4209	5612	7015	8418	9321	11224	12627
1404	2808	4212	5616	7020	8424	9828	11232	12636
1405	2810	4215	5620	7025	8430	9835	11240	12645
1406	2812	4218	5624	7030	8436	9842	11248	12654
1407	2814	4221	5628	7035	8442	9849	11256	12663
1408	2816	4224	5632	7040	8448	9856	11264	12672
1409	2818	4227	5636	7045	8454	9863	11272	12681
1411	2822	4233	5644	7055	8466	9877	11288	12699
1412	2824	4236	5648	7060	8472	9884	11296	12708
1413	2826	4239	5652	7065	8478	9891	11304	12717
1414	2828	4242	5656	7070	8484	9898	11312	12726
1415	2830	4245	5660	7075	8490	9905	11320	12735
1416	2832	4248	5664	7080	8496	9912	11328	12744
1417	2834	4251	5668	7085	8502	9919	11336	12753
1418	2836	4254	5672	7090	8508	9926	11344	12762
1419	2838	4257	5676	7095	8514	9933	11352	12771
1421	2842	4263	5684	7105	8526	9947	11368	12789
1422	2844	4266	5688	7110	8532	9954	11376	12798
1423	2846	4269	5692	7115	8538	9961	11384	12807
1424	2848	4272	5696	7120	8544	9968	11392	12816
1425	2850	4275	5700	7125	8550	9975	11400	12825
1426	2852	4278	5704	7130	8556	9982	11408	12834
1427	2854	4281	5708	7135	8562	9989	11416	12843
1428	2856	4284	5712	7140	8568	9996	11424	12852
1429	2858	4287	5716	7145	8574	10003	11432	12861
1431	2862	4293	5724	7155	8586	10017	11448	12879
1432	2864	4296	5728	7160	8592	10024	11456	12888
1433	2866	4299	5732	7165	8598	10031	11464	12897
1434	2868	4302	5736	7170	8604	10038	11472	12906
1435	2870	4305	5740	7175	8610	10045	11480	12915
1436	2872	4308	5744	7180	8616	10052	11488	12924
1437	2874	4311	5748	7185	8622	10059	11496	12933
1438	2876	4314	5752	7190	8628	10066	11504	12942
1439	2878	4317	5756	7195	8634	10073	11512	12951
1441	2882	4323	5764	7205	8646	10087	11528	12969
1442	2884	4326	5768	7210	8652	10094	11536	12978
1443	2886	4329	5772	7215	8658	10101	11544	12987
1444	2888	4332	5776	7220	8664	10108	11552	12996
1445	2890	4335	5780	7225	8670	10115	11560	13005

1	2	3	4	5	6	7	8	9
1446	2892	4338	5784	7230	8676	10122	11568	13014
1447	2894	4341	5788	7235	8682	10129	11576	13023
1448	2896	4344	5792	7240	8688	10136	11584	13032
1449	2898	4347	5796	7245	8694	10143	11592	13041
1451	2902	4353	5804	7255	8706	10157	11608	13059
1452	2904	4356	5808	7260	8712	10164	11616	13068
1453	2906	4359	5812	7265	8718	10171	11624	13077
1454	2908	4362	5816	7270	8724	10178	11632	13086
1455	2910	4365	5820	7275	8730	10185	11640	13095
1456	2912	4368	5824	7280	8736	10192	11648	13104
1457	2914	4371	5828	7285	8742	10199	11656	13113
1458	2916	4374	5832	7290	8748	10206	11664	13122
1459	2918	4377	5836	7295	8754	10213	11672	13131
1461	2922	4383	5844	7305	8766	10227	11688	13149
1462	2924	4386	5848	7310	8772	10234	11696	13158
1463	2926	4389	5852	7315	8778	10241	11704	13167
1464	2928	4392	5856	7320	8784	10248	11712	13176
1465	2930	4395	5860	7325	8790	10255	11720	13185
1466	2932	4398	5864	7330	8796	10262	11728	13194
1467	2934	4401	5868	7335	8802	10269	11736	13203
1468	2936	4404	5872	7340	8808	10276	11744	13212
1469	2938	4407	5876	7345	8814	10283	11752	13221
1471	2942	4413	5884	7355	8826	10297	11768	13239
1472	2944	4416	5888	7360	8832	10304	11776	13248
1473	2946	4419	5892	7365	8838	10311	11784	13257
1474	2948	4422	5896	7370	8844	10318	11792	13266
1475	2950	4425	5900	7375	8850	10325	11800	13275
1476	2952	4428	5904	7380	8856	10332	11808	13284
1477	2954	4431	5908	7385	8862	10339	11816	13293
1478	2956	4434	5912	7390	8868	10346	11824	13302
1479	2958	4437	5916	7395	8874	10353	11832	13311
1481	2962	4443	5924	7405	8886	10367	11848	13329
1482	2964	4446	5928	7410	8892	10374	11856	13338
1483	2966	4449	5932	7415	8898	10381	11864	13347
1484	2968	4452	5936	7420	8904	10388	11872	13356
1485	2970	4455	5940	7425	8910	10395	11880	13365
1486	2972	4458	5944	7430	8916	10402	11888	13374
1487	2974	4461	5948	7435	8922	10409	11896	13383
1488	2976	4464	5952	7440	8928	10416	11904	13392
1489	2978	4467	5956	7445	8934	10423	11912	13401
1491	2982	4473	5964	7455	8946	10437	11928	13419
1492	2984	4476	5968	7460	8952	10444	11936	13428
1493	2986	4479	5972	7465	8958	10451	11944	13437
1494	2988	4482	5976	7470	8964	10458	11952	13446
1495	2990	4485	5980	7475	8970	10465	11960	13455
1496	2992	4488	5984	7480	8976	10472	11968	13464
1497	2994	4491	5988	7485	8982	10479	11976	13473
1498	2996	4494	5992	7490	8988	10486	11984	13482
1499	2998	4497	5996	7495	8994	10493	11992	13491
1501	3002	4503	6004	7505	9006	10507	12008	13509

1	2	3	4	5	6	7	8	9
1502	3004	4506	6008	7510	9012	10514	12016	13518
1503	3006	4509	6012	7515	9018	10521	12024	13527
1504	3008	4512	6016	7520	9024	10528	12032	13536
1505	3010	4515	6020	7525	9030	10535	12040	13545
1506	3012	4518	6024	7530	9036	10542	12048	13554
1507	3014	4521	6028	7535	9042	10549	12056	13563
1508	3016	4524	6032	7540	9048	10556	12064	13572
1509	3018	4527	6036	7545	9054	10563	12072	13581
1511	3022	4533	6044	7555	9066	10577	12088	13599
1512	3024	4536	6048	7560	9072	10584	12096	13608
1513	3026	4539	6052	7565	9078	10591	12104	13617
1514	3028	4542	6056	7570	9084	10598	12112	13626
1515	3030	4545	6060	7575	9090	10605	12120	13635
1516	3032	4548	6064	7580	9096	10612	12128	13644
1517	3034	4551	6068	7585	9102	10619	12136	13653
1518	3036	4554	6072	7590	9108	10626	12144	13662
1519	3038	4557	6076	7595	9114	10633	12152	13671
1521	3042	4563	6084	7605	9126	10647	12168	13689
1522	3044	4566	6088	7610	9132	10654	12176	13698
1523	3046	4569	6092	7615	9138	10661	12184	13707
1524	3048	4572	6096	7620	9144	10668	12192	13716
1525	3050	4575	6100	7625	9150	10675	12200	13725
1526	3052	4578	6104	7630	9156	10682	12208	13734
1527	3054	4581	6108	7635	9162	10689	12216	13743
1528	3056	4584	6112	7640	9168	10696	12224	13752
1529	3058	4587	6116	7645	9174	10703	12232	13761
1531	3062	4593	6124	7655	9186	10717	12248	13779
1532	3064	4596	6128	7660	9192	10724	12256	13788
1533	3066	4599	6132	7665	9198	10731	12264	13797
1534	3068	4602	6136	7670	9204	10738	12272	13806
1535	3070	4605	6140	7675	9210	10745	12280	13815
1536	3072	4608	6144	7680	9216	10752	12288	13824
1537	3074	4611	6148	7685	9222	10759	12296	13833
1538	3076	4614	6152	7690	9228	10766	12304	13842
1539	3078	4617	6156	7695	9234	10773	12312	13851
1541	3082	4623	6164	7705	9246	10787	12328	13869
1542	3084	4626	6168	7710	9252	10794	12336	13878
1543	3086	4629	6172	7715	9258	10801	12344	13887
1544	3088	4632	6176	7720	9264	10808	12352	13896
1545	3090	4635	6180	7725	9270	10815	12360	13905
1546	3092	4638	6184	7730	9276	10822	12368	13914
1547	3094	4641	6188	7735	9282	10829	12376	13923
1548	3096	4644	6192	7740	9288	10836	12384	13932
1549	3098	4647	6196	7745	9294	10843	12392	13941
1551	3102	4653	6204	7755	9306	10857	12408	13959
1552	3104	4656	6208	7760	9312	10864	12416	13968
1553	3106	4659	6212	7765	9318	10871	12424	13977
1554	3108	4662	6216	7770	9324	10878	12432	13986
1555	3110	4665	6220	7775	9330	10885	12440	13995
1556	3112	4668	6224	7780	9336	10892	12448	14004

1	2	3	4	5	6	7	8	9
1557	3114	4671	6228	7785	9342	10899	12456	14013
1558	3116	4674	6232	7790	9348	10906	12464	14022
1559	3118	4677	6236	7795	9354	10913	12472	14031
1561	3122	4683	6244	7805	9366	10927	12488	14049
1562	3124	4686	6248	7810	9372	10934	12496	14058
1563	3126	4689	6252	7815	9378	10941	12504	14067
1564	3128	4692	6256	7820	9384	10948	12512	14076
1565	3130	4695	6260	7825	9390	10955	12520	14085
1566	3132	4698	6264	7830	9396	10962	12528	14094
1567	3134	4701	6268	7835	9402	10969	12536	14103
1568	3136	4704	6272	7840	9408	10976	12544	14112
1569	3138	4707	6276	7845	9414	10983	12552	14121
1571	3142	4713	6284	7855	9426	10997	12568	14139
1572	3144	4716	6288	7860	9432	11004	12576	14148
1573	3146	4719	6292	7865	9438	11011	12584	14157
1574	3148	4722	6296	7870	9444	11018	12592	14166
1575	3150	4725	6300	7875	9450	11025	12600	14175
1576	3152	4728	6304	7880	9456	11032	12608	14184
1577	3154	4731	6308	7885	9462	11039	12616	14193
1578	3156	4734	6312	7890	9468	11046	12624	14202
1579	3158	4737	6316	7895	9474	11053	12632	14211
1581	3162	4743	6324	7905	9486	11067	12648	14229
1582	3164	4746	6328	7910	9492	11074	12656	14238
1583	3166	4749	6332	7915	9498	11081	12664	14247
1584	3168	4752	6536	7920	9504	11088	12672	14256
1585	3170	4755	6340	7925	9510	11095	12680	14265
1586	3172	4758	6344	7930	9516	11102	12688	14274
1587	3174	4761	6348	7935	9522	11109	12696	14283
1588	3176	4764	6352	7940	9528	11116	12704	14292
1589	3178	4767	6356	7945	9534	11123	12712	14301
1591	3182	4773	6364	7950	9546	11137	12728	14319
1592	3184	4776	6368	7960	9552	11144	12736	14328
1593	3186	4779	6372	7965	9558	11151	12744	14337
1594	3188	4782	6376	7970	9564	11158	12752	14346
1595	3190	4785	6380	7975	9570	11165	12760	14355
1596	3192	4788	6384	7980	9576	11172	12768	14364
1597	3194	4791	6388	7985	9582	11179	12776	14373
1598	3196	4794	6392	7990	9588	11186	12784	14382
1599	3198	4797	6396	7995	9594	11193	12792	14391
1601	3202	4803	6404	8005	9606	11207	12808	14409
1602	3204	4806	6408	8010	9612	11214	12816	14418
1603	3206	4809	6412	8015	9618	11221	12824	14427
1604	3208	4812	6416	8020	9624	11228	12832	14436
1605	3210	4815	6420	8025	9630	11235	12840	14445
1606	3212	4818	6424	8030	9636	11242	12848	14454
1607	3214	4821	6428	8035	9642	11249	12856	14463
1608	3216	4824	6432	8040	9648	11256	12864	14472
1609	3218	4827	6436	8045	9654	11263	12872	14481
1611	3222	4833	6444	8055	9666	11277	12888	14499
1612	3224	4836	6448	8060	9672	11284	12896	14508

1	2	3	4	5	6	7	8	9
1613	3226	4839	6452	8065	9678	11291	12904	14517
1614	3228	4842	6456	8070	9684	11298	12912	14526
1615	3230	4845	6460	8075	9690	11305	12920	14535
1616	3232	4848	6464	8080	9696	11312	12928	14544
1617	3234	4851	6468	8085	9702	11319	12936	14553
1618	3236	4854	6472	8090	9708	11326	12944	14562
1619	3238	4857	6476	8095	9714	11333	12952	14571
1621	3242	4863	6484	8105	9726	11347	12968	14589
1622	3244	4866	6488	8110	9732	11354	12976	14598
1623	3246	4869	6492	8115	9738	11361	12984	14607
1624	3248	4872	6496	8120	9744	11368	12992	14616
1625	3250	4875	6500	8125	9750	11375	13000	14625
1626	3252	4878	6504	8130	9756	11382	13008	14634
1627	3254	4881	6508	8135	9762	11389	13016	14643
1628	3256	4884	6512	8140	9768	11396	13024	14652
1629	3258	4887	6516	8145	9774	11403	13032	14661
1631	3262	4893	6524	8155	9786	11417	13048	14679
1632	3264	4896	6528	8160	9792	11424	13056	14688
1633	3266	4899	6532	8165	9798	11431	13064	14697
1634	3268	4902	6536	8170	9804	11438	13072	14706
1635	3270	4905	6540	8175	9810	11445	13080	14715
1636	3272	4908	6544	8180	9816	11452	13088	14724
1637	3274	4911	6548	8185	9822	11459	13096	14733
1638	3276	4914	6552	8190	9828	11466	13104	14742
1639	3278	4917	6556	8195	9834	11473	13112	14751
1641	3282	4923	6564	8205	9846	11487	13128	14769
1642	3284	4926	6568	8210	9852	11494	13136	14778
1643	3286	4929	6572	8215	9858	11501	13144	14787
1644	3288	4932	6576	8220	9864	11508	13152	14796
1645	3290	4935	6580	8225	9870	11515	13160	14805
1646	3292	4938	6584	8230	9876	11522	13168	14814
1647	3294	4941	6588	8235	9882	11529	13176	14823
1648	3296	4944	6592	8240	9888	11536	13184	14832
1649	3298	4947	6596	8245	9894	11543	13192	14841
1651	3302	4953	6604	8255	9906	11557	13208	14859
1652	3304	4956	6608	8260	9912	11564	13216	14868
1653	3306	4959	6612	8265	9918	11571	13224	14877
1654	3308	4962	6616	8270	9924	11578	13232	14886
1655	3310	4965	6620	8275	9930	11585	13240	14895
1656	3312	4968	6624	8280	9936	11592	13248	14904
1657	3314	4971	6628	8285	9942	11599	13256	14913
1658	3316	4974	6632	8290	9948	11606	13264	14922
1659	3318	4977	6636	8295	9954	11613	13272	14931
1661	3322	4983	6644	8305	9966	11627	13288	14949
1662	3324	4986	6648	8310	9972	11634	13296	14958
1663	3326	4989	6652	8315	9978	11641	13304	14967
1664	3328	4992	6656	8320	9984	11648	13312	14976
1665	3330	4995	6660	8325	9990	11655	13320	14985
1666	3332	4998	6664	8330	9996	11662	13328	14994
1667	3334	5001	6668	8335	10002	11669	13336	15003

1	2	3	4	5	6	7	8	9
1668	3336	5004	6672	8340	10008	11676	13344	15012
1669	3338	5007	6676	8345	10014	11683	13352	15021
1671	3342	5013	6684	8355	10026	11697	13368	15039
1672	3344	5016	6688	8360	10032	11704	13376	15048
1673	3346	5019	6692	8365	10038	11711	13384	15057
1674	3348	5022	6696	8370	10044	11718	13392	15066
1675	3350	5025	6700	8375	10050	11725	13400	15075
1676	3352	5028	6704	8380	10056	11732	13408	15084
1677	3354	5031	6708	8385	10062	11739	13416	15093
1678	3356	5034	6712	8390	10068	11746	13424	15102
1679	3358	5037	6716	8395	10074	11753	13432	15111
1681	3362	5043	6724	8405	10086	11767	13448	15129
1682	3364	5046	6728	8410	10092	11774	13456	15138
1683	3366	5049	6732	8415	10098	11781	13464	15147
1684	3368	5052	6736	8420	10104	11788	13472	15156
1685	3370	5055	6740	8425	10110	11795	13480	15165
1686	3372	5058	6744	8430	10116	11802	13488	15174
1687	3374	5061	6748	8435	10122	11809	13496	15183
1688	3376	5064	6752	8440	10128	11816	13504	15192
1689	3378	5067	6756	8445	10134	11823	13512	15201
1691	3382	5073	6764	8455	10146	11837	13528	15219
1692	3384	5076	6768	8460	10152	11844	13536	15228
1693	3386	5079	6772	8465	10158	11851	13544	15237
1694	3388	5082	6776	8470	10164	11858	13552	15246
1695	3390	5085	6780	8475	10170	11865	13560	15255
1696	3392	5088	6784	8480	10176	11872	13568	15264
1697	3394	5091	6788	8485	10182	11879	13576	15273
1698	3396	5094	6792	8490	10188	11886	13584	15282
1699	3398	5097	6796	8495	10194	11893	13592	15291
1701	3402	5103	6804	8505	10206	11907	13608	15309
1702	3404	5106	6808	8510	10212	11914	13616	15318
1703	3406	5109	6812	8515	10218	11921	13624	15327
1704	3408	5112	6816	8520	10224	11928	13632	15336
1705	3410	5115	6820	8525	10230	11935	13640	15345
1706	3412	5118	6824	8530	19236	11942	13648	15354
1707	3414	5121	6828	8535	10242	14949	13656	15363
1708	3416	5124	6832	8540	10248	11956	13664	15372
1709	3418	5127	6836	8545	10254	11963	13672	15381
1711	3422	5133	6844	8555	10266	11977	13688	15399
1712	3424	5136	6848	8560	10272	11984	13696	15408
1713	3426	5139	6852	8565	10278	11991	13704	15417
1714	3428	5142	6856	8570	10284	11998	13712	15426
1715	3430	5145	6860	8575	10290	12005	13720	15435
1716	3432	5148	6864	8580	10296	12012	13728	15444
1717	3434	5151	6868	8585	10302	12019	13736	15453
1718	3436	5154	6872	8590	10308	12026	13744	15462
1719	3438	5157	6876	8595	10314	12033	13752	15471
1721	3442	5163	6884	8605	10326	12047	13768	15489
1722	3444	5166	6888	8610	10332	12054	13776	15498
1723	3446	5169	6892	8615	10338	12061	13784	15507

1	2	3	4	5	6	7	8	9
1724	3448	5172	6896	8620	10344	12068	13792	15516
1725	3450	5175	6900	8625	10350	12075	13800	15525
1726	3452	5178	6904	8630	10356	12082	13808	15534
1727	3454	5181	6908	8635	10362	12089	13816	15543
1728	3456	5184	6912	8640	10368	12096	13824	15552
1729	3458	5187	6916	8645	10374	12103	13832	15561
1731	3468	5193	6924	8655	10386	12117	13848	15579
1732	3464	5196	6928	8660	10392	12124	13856	15588
1733	3466	5199	6932	8665	10398	12131	13864	15597
1734	3468	5202	6936	8670	10404	12138	13872	15606
1735	3470	5205	6940	8675	10410	12145	13880	15615
1736	3472	5208	6944	8680	10416	12152	13888	15624
1737	3474	5211	6948	8685	10422	12159	13896	15633
1738	3476	4214	6952	8690	10428	12166	13904	15642
1739	3478	5217	6956	8695	10434	12173	13912	15651
1741	3482	5223	6964	8705	10446	12187	13928	15669
1742	3484	5226	6968	8710	10452	12194	13936	15678
1743	3486	5229	6972	8715	10458	12201	13944	15687
1744	3488	5232	6976	8720	10464	12208	13952	15696
1745	3490	5235	6980	8725	10470	12215	13960	15705
1746	3492	5238	6984	8730	10476	12222	13968	15714
1747	3494	5241	6988	8735	10482	12229	13976	15723
1748	3496	5244	6992	8740	10488	12236	13984	15732
1749	3498	5247	6996	8745	10494	12243	13992	15741
1751	3502	5253	7004	8755	10506	12257	14008	15759
1752	3504	5256	7008	8760	10512	12264	14016	15768
1753	3506	5259	7012	8765	10518	12271	14024	15777
1754	3508	5262	7016	8770	10524	12278	14032	15786
1755	3510	5265	7020	8775	10530	12285	14040	15795
1756	3512	5268	7024	8780	10536	12292	14048	15804
1757	3514	5271	7028	8785	10542	12299	14056	15813
1758	3516	5274	7032	8790	10548	12306	14064	15822
1759	3518	5277	7036	8795	10554	12313	14072	15831
1761	3522	5283	7044	8805	10566	12327	14088	15849
1762	3524	5286	7048	8810	10572	12334	14096	15858
1763	3526	5289	7052	8815	10578	12341	14104	15867
1764	3528	5292	7056	8820	10584	12348	14112	15876
1765	3530	5295	7060	8825	10590	12355	14120	15885
1766	3532	5298	7064	8830	10596	12362	14128	15894
1767	3534	5301	7068	8835	10602	12369	14136	15903
1768	3536	5304	7072	8840	10608	12376	14144	15912
1769	3538	5307	7076	8845	10614	12383	14152	15921
1771	3542	5313	7084	8855	10626	12397	14168	15939
1772	3544	5316	7088	8860	10632	12404	14176	15948
1773	3546	5319	7092	8865	10638	12411	14184	15957
1774	3548	5322	7096	8870	10644	12418	14192	15966
1775	3550	5325	7100	8875	10650	12425	14200	15975
1776	3552	5328	7104	8880	10656	12432	14208	15984
1777	3554	5231	7108	8885	10662	12439	14216	15993
1778	3556	5334	7112	8890	10668	12446	14224	16002

1	2	3	4	5	6	7	8	9
1779	3558	5337	7116	8895	10674	12453	14232	16011
1781	3562	5343	7124	8905	10686	12467	14248	16029
1782	3564	5346	7128	8910	10692	12474	14256	16038
1783	3566	5349	7132	8915	10698	12481	14264	16047
1784	3568	5352	7136	8920	10704	12488	14272	16056
1785	3570	5355	7140	8925	10710	12495	14280	16065
1786	3572	5358	7144	8930	10716	12502	14288	16074
1787	3574	5361	7148	8935	10722	12509	14296	16083
1788	3576	5364	7152	8940	10728	12516	14304	16092
1789	3578	5367	7156	8945	10734	12523	14312	16101
1791	3582	5373	7164	8955	10746	12537	14328	16119
1792	3584	5376	7168	8960	10752	12544	14336	16128
1793	3586	5379	7172	8965	10758	12551	14344	16137
1794	3588	5382	7176	8970	10764	12558	14352	16146
1795	3590	5385	7180	8975	10770	12565	14360	16155
1796	3592	5388	7184	8980	10776	12572	14368	16164
1797	3594	5391	7188	8985	10782	12579	14376	16173
1798	3596	5394	7192	8990	10788	12586	14384	16182
1799	3598	5397	7196	8995	10794	12593	14392	16191
1801	3602	5403	7204	9005	10806	12607	14408	16209
1802	3604	5406	7208	9010	10812	12614	14416	16218
1803	3606	5409	7212	9015	10818	12621	14424	16227
1804	3608	5412	7216	9020	10824	12628	14432	16236
1805	3610	5415	7220	9025	10830	12635	14440	16245
1806	3612	5418	7224	9030	10836	12642	14448	16254
1807	3614	5421	7228	9035	10842	12649	14456	16263
1808	3616	5424	7232	9040	10848	12656	14464	16272
1809	3618	5427	7236	9045	10854	12663	14472	16281
1811	3622	5433	7244	9055	10866	12677	14488	16299
1812	3624	5436	7248	9060	10872	12684	14496	16308
1813	3626	5439	7252	9065	10878	12691	14504	16317
1814	3628	5442	7256	9070	10884	12698	14512	16326
1815	3630	5445	7260	9075	10890	12705	14520	16335
1816	3632	5448	7264	9080	10896	12712	14528	16344
1817	3634	5451	7268	9085	10902	12719	14536	16353
1818	3636	5454	7272	9090	10908	12726	14544	16362
1819	3638	5457	7276	9095	10914	12733	14552	16371
1821	3642	5463	7284	9105	10926	12747	14568	16389
1822	3644	5466	7288	9110	10932	12754	14576	16398
1823	3646	5469	7292	9115	10938	12761	14584	16407
1824	3648	5472	7296	9120	10944	12768	14592	16416
1825	3650	5475	7300	9125	10950	12775	14600	16425
1826	3652	5478	7304	9130	10956	12782	14608	16434
1827	3654	5481	7308	9135	10962	12789	14616	16443
1828	3656	5484	7312	9140	10968	12796	14624	16452
1829	3658	5487	7316	9145	10974	12803	14632	16461
1831	3662	5493	7324	9155	10986	12817	14648	16479
1832	3664	5496	7328	9160	10992	12824	14656	16488
1833	3666	5499	7332	9165	10998	12831	14664	16497
1834	3668	5502	7336	9170	11004	12838	14672	16506

1	2	3	4	5	6	7	8	9
1835	3670	5505	7340	9175	11010	12845	14680	16515
1836	3672	5508	7344	9180	11016	12852	14688	16524
1837	3674	5511	7348	9185	11022	12859	14696	16533
1838	3676	5514	7352	9190	11028	12866	14704	16542
1839	3678	5517	7356	9195	11034	12873	14712	16551
1841	3682	5523	7364	9205	11046	12887	14728	16569
1842	3684	5526	7368	9210	11052	12894	14736	16578
1843	3686	5529	7372	9215	11058	12901	14744	16587
1844	3688	5532	7376	9220	11064	12908	14752	16596
1845	3690	5535	7380	9225	11070	12915	14760	16605
1846	3692	5538	7384	9230	11076	12922	14768	16614
1847	3694	5541	7388	9235	11082	12929	14776	16623
1848	3696	5544	7392	9240	11088	12936	14784	16632
1849	3698	5547	7396	9245	11094	12943	14792	16641
1851	3702	5553	7404	9255	11106	12957	14808	16659
1852	3704	5556	7408	9260	11112	12964	14816	16668
1853	3706	5559	7412	9265	11118	12971	14824	16677
1854	3708	5562	7416	9270	11124	12978	14832	16686
1855	3710	5565	7420	9275	11130	12985	14840	16695
1856	3712	5568	7424	9280	11136	12992	14848	16704
1857	3714	5571	7428	9285	11142	12999	14856	16713
1858	3716	5574	7432	9290	11148	13006	14864	16722
1859	3718	5577	7436	9295	11154	13013	14872	16731
1861	3722	5583	7444	9305	11166	13027	14888	16749
1862	3724	5586	7448	9310	11172	13034	14896	16758
1863	3726	5589	7452	9315	11178	13041	14904	16767
1864	3728	5592	7456	9320	11184	13048	14912	16776
1865	3730	5595	7460	9325	11190	13055	14920	16785
1866	3732	5598	7464	9330	11196	13062	14928	16794
1867	3734	5601	7468	9335	11202	13069	14936	16803
1868	3736	5604	7472	9340	11208	13076	14944	16812
1869	3738	5607	7476	9345	11214	13083	14952	16821
1871	3742	5613	7484	9355	11226	13097	14968	16839
1872	3744	5616	7488	9360	11232	13104	14976	16848
1873	3746	5619	7492	9365	11238	13111	14984	16857
1874	3748	5622	7496	9370	11244	13118	14992	16866
1875	3750	5625	7500	9375	11250	13125	15000	16875
1876	3752	5628	7504	9380	11256	13132	15008	16884
1877	3754	5631	7508	9385	11262	13139	15016	16893
1878	3756	5634	7512	9390	11268	13146	15024	16902
1879	3758	5637	7516	9395	11274	13153	15032	16911
1881	3762	5643	7524	9405	11286	13167	15048	16929
1882	3764	5646	7528	9410	11292	13174	15056	16938
1883	3766	5649	7532	9415	11298	13181	15064	16947
1884	3768	5652	7536	9420	11304	13188	15072	16956
1885	3770	5655	7540	9425	11310	13195	15080	16965
1886	3772	5658	7544	9430	11316	13202	15088	16974
1887	3774	5661	7548	9435	11322	13209	15096	16983
1888	3776	5664	7552	9440	11328	13216	15104	16992
1889	3778	5667	7556	9445	11334	13223	15112	17001

1	2	3	4	5	6	7	8	9
1891	3782	5673	7564	9455	11346	13237	15128	17019
1892	3784	5676	7568	9460	11352	13244	15136	17028
1893	3786	5679	7572	9465	11358	13251	15144	17037
1894	3788	5682	7576	9470	11364	13258	15152	17046
1895	3790	5685	7580	9475	11370	13265	15160	17055
1896	3792	5688	7584	9480	11376	13272	15168	17064
1897	3794	5691	7588	9485	11382	13279	15176	17073
1898	3796	5694	7592	9490	11388	13286	15184	17082
1899	3798	5697	7596	9495	11394	13293	15192	17091
1901	3802	5703	7604	9505	11406	13307	15208	17109
1902	3804	5706	7608	9510	11412	13314	15216	17118
1903	3806	5709	7612	9515	11418	13321	15224	17127
1904	3808	5712	7616	9520	11424	13328	15232	17136
1905	3810	5715	7620	9525	11430	13335	15240	17145
1906	3812	5718	7624	9530	11436	13342	15248	17154
1907	3814	5721	7628	9535	11442	13349	15256	17163
1908	3816	5724	7632	9540	11448	13356	15264	17172
1909	3818	5727	7636	9545	11454	13363	15272	17181
1911	3822	5733	7644	9555	11466	13377	15288	17199
1912	3824	5736	7648	9560	11472	13384	15296	17208
1913	3826	5739	7652	9565	11478	13391	15304	17217
1914	3828	5742	7656	9570	11484	13398	15312	17226
1915	3830	5745	7660	9575	11490	13405	15320	17235
1916	3832	5748	7664	9580	11496	13412	15328	17244
1917	3834	5751	7668	9585	11502	13419	15336	17253
1918	3836	5754	7672	9580	11508	13426	15344	17262
1919	3838	5757	7676	9595	11514	13433	15352	17271
1921	3842	5763	7684	9605	11526	13447	15368	17289
1922	3844	5766	7688	9610	11532	13454	15376	17298
1923	3846	5769	7692	9615	11538	13461	15384	17307
1924	3848	5772	7696	9620	11544	13468	15392	17316
1925	3850	5775	7700	9625	11550	13475	15400	17325
1926	3852	5778	7704	9630	11556	13482	15408	17334
1927	3854	5781	7708	9635	11562	13489	15416	17343
1928	3856	5784	7712	9640	11568	13496	15424	17352
1929	3858	5787	7716	9645	11574	13503	15432	17361
1931	3862	5793	7724	9655	11586	13517	15448	17379
1932	3864	5796	7728	9660	11592	13524	15456	17388
1933	3866	5799	7732	9665	11598	13531	15464	17397
1934	3868	5802	7736	9670	11604	13538	15472	17406
1935	3870	5805	7740	9675	11610	13545	15480	17415
1936	3872	5808	7744	9680	11616	13552	15488	17424
1937	3874	5811	7748	9685	11622	13559	15496	17433
1938	3876	5814	7752	9690	11628	13566	15504	17442
1939	3878	5817	7756	9695	11634	13573	15512	17451
1941	3882	5823	7764	9705	11646	13587	15528	17469
1942	3884	5826	7768	9710	11652	13594	15536	17478
1943	3886	5829	7772	9715	11658	13601	15544	17487
1944	3888	5832	7776	9720	11664	13608	15552	17496
1945	3890	5835	7780	9725	11670	13615	15560	17505

1	2	3	4	5	6	7	8	9
1946	3892	5838	7784	9730	11676	13622	15568	17514
1947	3894	5841	7788	9735	11682	13629	15576	17523
1948	3896	5844	7792	9740	11688	13636	15584	17532
1949	3898	5847	7796	9745	11694	13643	15592	17541
1951	3902	5853	7804	9755	11706	13657	15608	17559
1952	3904	5856	7808	9760	11712	13664	15616	17568
1953	3906	5859	7812	9765	11718	13671	15624	17577
1954	3908	5862	7816	9770	11724	13678	15632	17586
1955	3910	5865	7820	9775	11730	13685	15640	17595
1956	3912	5868	7824	9780	11736	13692	15648	17604
1957	3914	5871	7828	9785	11742	13699	15656	17613
1958	3916	5874	7832	9790	11748	13706	15664	17622
1959	3918	5877	7836	9795	11754	13713	15672	17631
1961	3922	5883	7844	9805	11766	13727	15688	17649
1962	3924	5886	7848	9810	11772	13734	15696	17658
1963	3926	5889	7852	9815	11778	13741	15704	17667
1964	3928	5892	7856	9820	11784	13748	15712	17676
1965	3930	5895	7860	9825	11790	13755	15720	17685
1966	3932	5898	7864	9830	11796	13762	15728	17694
1967	3934	5901	7868	9835	11802	13769	15736	17703
1968	3936	5904	7872	9840	11808	13776	15744	17712
1969	3938	5907	7876	9845	11814	13783	15752	17721
1971	3942	5913	7884	9855	11826	13797	15768	17739
1972	3944	5916	7888	9860	11832	13804	15776	17748
1973	3946	5919	7892	9865	11838	13811	15784	17757
1974	3948	5922	7896	9870	11844	13818	15792	17766
1975	3950	5925	7900	9875	11850	13825	15800	17775
1976	3952	5928	7904	9880	11856	13832	15808	17784
1977	3954	5931	7908	9885	11862	13839	15816	17793
1978	3956	5934	7912	9890	11868	13846	15824	17802
1979	3958	5937	7916	9895	11874	13853	15832	17811
1981	3962	5943	7924	9905	11886	13867	15848	17829
1982	3964	5946	7928	9910	11892	13874	15856	17838
1983	3966	5949	7932	9915	11898	13881	15864	17847
1984	3968	5952	7936	9920	11904	13888	15872	17856
1985	3970	5955	7940	9925	11910	13895	15880	17865
1986	3972	5958	7944	9930	11916	13902	15888	17874
1987	3974	5961	7948	9935	11922	13909	15896	17883
1988	3976	5964	7952	9940	11928	13916	15904	17892
1989	3978	5967	7956	9945	11934	13923	15912	17901
1991	3982	5973	7964	9955	11946	13937	15928	17919
1992	3984	5976	7968	9960	11952	13944	15936	17928
1993	3986	5979	7972	9965	11958	13951	15944	17937
1994	3988	5982	7976	9970	11964	13958	15952	17946
1995	3990	5985	7980	9975	11970	13965	15960	17955
1996	3992	5988	7984	9980	11976	13972	15968	17964
1997	3994	5991	7988	9985	11982	13979	15976	17973
1998	3996	5994	7992	9990	11988	13986	15984	17982
1999	3998	5997	7996	9995	11994	13993	15992	17991
2001	4002	6003	8004	10005	12006	14007	16008	18009

1	2	3	4	5	6	7	8	9
2002	4004	6006	8008	10010	12012	14014	16016	18018
2003	4006	6009	8012	10015	12018	14021	16024	18027
2004	4008	6012	8016	10020	12024	14028	16032	18036
2005	4010	6015	8020	10025	12030	14035	16040	18045
2006	4012	6018	8024	10030	12036	14042	16048	18054
2007	4014	6021	8028	10035	12042	14049	16056	18063
2008	4016	6024	8032	10040	12048	14056	16064	18072
2009	4018	6027	8036	10045	12054	14063	16072	18081
2011	4022	6033	8044	10055	12066	14077	16088	18099
2012	4024	6036	8048	10060	12072	14084	16096	18108
2013	4026	6039	8052	10065	12078	14091	16104	18117
2014	4028	6042	8056	10070	12084	14098	16112	18126
2015	4030	6045	8060	10075	12090	14105	16120	18135
2016	4032	6048	8064	10080	12096	14112	16128	18144
2017	4034	6051	8068	10085	12102	14119	16136	18153
2018	4036	6054	8072	10090	12108	14126	16144	18162
2019	4038	6057	8076	10095	12114	14133	16152	18171
2021	4042	6063	8084	10105	12126	14147	16168	18189
2022	4044	6066	8088	10110	12132	14154	16176	18198
2023	4046	6069	8092	10115	12138	14161	16184	18207
2024	4048	6072	8096	10120	12144	14168	16192	18216
2025	4050	6075	8100	10125	12150	14175	16200	18225
2026	4052	6078	8104	10130	12156	14182	16208	18234
2027	4054	6081	8108	10135	12162	14189	16216	18243
2028	4056	6084	8112	10140	12168	14196	16224	18252
2029	4058	6087	8116	10145	12174	14203	16232	18261
2031	4062	6093	8124	10155	12186	14217	16248	18279
2032	4064	6096	8128	10160	12192	14224	16256	18288
2033	4066	6099	8132	10165	12198	14231	16264	18297
2034	4068	6102	8136	10170	12204	14238	16272	18306
2035	4070	6105	8140	10175	12210	14245	16280	18315
2036	4072	6108	8144	10180	12216	14252	16288	18324
2037	4074	6111	8148	10185	12222	14259	16296	18333
2038	4076	6114	8152	10190	12228	14266	16304	18342
2039	4078	6117	8156	10195	12234	14273	16312	18351
2041	4082	6123	8164	10205	12246	14287	16328	18369
2042	4084	6126	8168	10210	12252	14294	16336	18378
2043	4086	6129	8172	10215	12258	14301	16344	18387
2044	4088	6132	8176	10220	12264	14308	16352	18396
2045	4090	6135	8180	10225	12270	14315	16360	18405
2046	4092	6138	8184	10230	12276	14322	16368	18414
2047	4094	6141	8188	10235	12282	14329	16376	18423
2048	4096	6144	8192	10240	12288	14336	16384	18432
2049	4098	6147	8196	10245	12294	14343	16392	18441
2051	4102	6153	8204	10255	12306	14357	16408	18459
2052	4104	6156	8208	10260	12312	14364	16416	18468
2053	4106	6159	8212	10265	12318	14371	16424	18477
2054	4108	6162	8216	10270	12324	14378	16432	18486
2055	4110	6165	8220	10275	12330	14385	16440	18495
2056	4112	6168	8224	10280	12336	14392	16448	18504

1	2	3	4	5	6	7	8	9
2057	4114	6171	8228	10285	12342	14399	16456	18513
2058	4116	6174	8232	10290	12348	14406	16464	18522
2059	4118	6177	8236	10295	12354	14413	16472	18531
2061	4122	6183	8244	10305	12366	14427	16488	18549
2062	4124	6186	8248	10310	12372	14434	16496	18558
2063	4126	6189	8252	10315	12378	14441	16504	18567
2064	4128	6192	8256	10320	12384	14448	16512	18576
2065	4130	6195	8260	10325	12390	14455	16520	18585
2066	4132	6198	8264	10330	12396	14462	16528	18594
2067	4134	6201	8268	10335	12402	14469	16536	18603
2068	4136	6204	8272	10340	12408	14476	16544	18612
2069	4138	6207	8276	10345	12414	14483	16552	18621
2071	4142	6213	8284	10355	12426	14497	16568	18639
2072	4144	6216	8288	10380	12432	14504	16576	18648
2073	4146	6219	8292	10365	12438	14511	16584	18657
2074	4148	6222	8296	10370	12444	14518	16592	18666
2075	4150	6225	8300	10375	12450	14525	16600	18675
2076	4152	6228	8304	10380	12456	14532	16608	18684
2077	4154	6231	8308	10385	12462	14539	16616	18693
2078	4156	6234	8312	10390	12468	14546	16624	18702
2079	4158	6237	8316	10395	12474	14553	16632	18711
2081	4162	6243	8324	10405	12486	14567	16648	18729
2082	4164	6246	8328	10410	12492	14574	16656	18738
2083	4166	6249	8332	10415	12498	14581	16664	18747
2084	4168	6252	8336	10420	12504	14588	16672	18756
2085	4170	6255	8340	10425	12510	14595	16680	18765
2086	4172	6258	8344	10430	12516	14602	16688	18774
2087	4174	6261	8348	10435	12522	14609	16696	18783
2088	4176	6264	8352	10440	12528	14616	16704	18792
2089	4178	6267	8356	10445	12534	14623	16712	18801
2091	4182	6273	8364	10455	12546	14637	16728	18819
2092	4184	6276	8368	10460	12552	14644	16736	18828
2093	4186	6279	8372	10465	12558	14651	16744	18837
2094	4188	6282	8376	10470	12564	14658	16752	18846
2095	4190	6285	8380	10475	12570	14665	16760	18855
2096	4192	6288	8384	10480	12576	14672	16768	18864
2097	4194	6291	8388	10485	12582	14679	16776	18873
2098	4196	6294	8392	10490	12588	14686	16784	18882
2099	4198	6297	8396	10495	12594	14693	16792	18891
2101	4202	6303	8404	10505	12606	14707	16808	18909
2102	4204	6306	8408	10510	12612	14714	16816	18918
2103	4206	6309	8412	10515	12618	14721	16824	18927
2104	4208	6312	8416	10520	12624	14728	16832	18936
2105	4210	6315	8420	10525	12630	14735	16840	18945
2106	4212	6318	8424	10530	12636	14742	16848	18954
2107	4214	6321	8428	10535	12642	14749	16856	18963
2108	4216	6324	8432	10540	12648	14756	16864	18972
2109	4218	6327	8436	10545	12654	14763	16872	18981
2111	4222	6333	8444	10555	12666	14777	16888	18999
2112	4224	6336	8448	10560	12672	14784	16896	19008

1	2	3	4	5	6	7	8	9
2113	4226	6339	8452	10565	12678	14791	16904	19017
2114	4228	6342	8456	10570	12684	14798	16912	19026
2115	4230	6345	8460	10575	12690	14805	16920	19035
2116	4232	6348	8464	10580	12696	14812	16928	19044
2117	4234	6351	8468	10585	12702	14819	16936	19053
2118	4236	6354	8472	10590	12708	14826	16944	19062
2119	4238	6357	8476	10595	12714	14833	16952	19071
2121	4242	6363	8484	10605	12726	14847	16968	19089
2122	4244	6366	8488	10610	12732	14854	16976	19098
2123	4246	6369	8492	10615	12738	14861	16984	19107
2124	4248	6372	8496	10620	12744	14868	16992	19116
2125	4250	6375	8500	10625	12750	14875	17000	19125
2126	4252	6378	8504	10630	12756	14882	17008	19134
2127	4254	6381	8508	10635	12762	14889	17016	19143
2128	4256	6384	8512	10640	12768	14896	17024	19152
2129	4258	6387	8516	10645	12774	14903	17032	19161
2131	4262	6393	8524	10655	12786	14917	17048	19179
2132	4264	6396	8528	10660	12792	14924	17056	19188
2133	4266	6399	8532	10665	12798	14931	17064	19197
2134	4268	6402	8536	10670	12804	14938	17072	19206
2135	4270	6405	8540	10675	12810	14945	17080	19215
2136	4272	6408	8544	10680	12816	14952	17088	19224
2137	4274	6411	8548	10685	12822	14959	17096	19233
2138	4276	6414	8552	10690	12828	14966	17104	19242
2139	4278	6417	8556	10695	12834	14973	17112	19251
2141	4282	6423	8564	10705	12846	14987	17128	19269
2142	4284	6426	8568	10710	12852	14994	17136	19278
2143	4286	6429	8572	10715	12858	15001	17144	19287
2144	4288	6432	8576	10720	12864	15008	17152	19296
2145	4290	6435	8580	10725	12870	15015	17160	19305
2146	4292	6438	8584	10730	12876	15022	17168	19314
2147	4294	6441	8588	10735	12882	15029	17176	19323
2148	4296	6444	8592	10740	12888	15036	17184	19332
2149	4298	6447	8596	10745	12894	15043	17192	19341
2151	4302	6453	8604	10755	12906	15057	17208	19359
2152	4304	6456	8608	10760	12912	15064	17216	19368
2153	4306	6459	8612	10765	12918	15071	17224	19377
2154	4308	6462	8616	10770	12924	15078	17232	19386
2155	4310	6465	8620	10775	12930	15085	17240	19395
2156	4312	6468	8624	10780	12936	15092	17248	19404
2157	4314	6471	8628	10785	12942	15099	17256	19413
2158	4316	6474	8632	10790	12948	15106	17264	19422
2159	4318	6477	8636	10795	12954	15113	17272	19431
2161	4322	6483	8644	10805	12966	15127	17288	19449
2162	4324	6486	8648	10810	12972	15134	17296	19458
2163	4326	6489	8652	10815	12978	15141	17304	19467
2164	4328	6492	8656	10820	12984	15148	17312	19476
2165	4330	6495	8660	10825	12990	15155	17320	19485
2166	4332	6498	8664	10830	12996	15162	17328	19494
2167	4334	6501	8668	10835	13002	15169	17336	19503

1	2	3	4	5	6	7	8	9
2168	4336	6504	8672	10840	13008	15176	17344	19512
2169	4338	6507	8676	10845	13014	15183	17352	19521
2171	4342	6513	8684	10855	13026	15197	17368	19539
2172	4344	6516	8688	10860	13032	15204	17376	19548
2173	4346	6519	8692	10865	13038	15211	17384	19557
2174	4348	6522	8696	10870	13044	15218	17392	19566
2175	4350	6525	8700	10875	13050	15225	17400	19575
2176	4352	6528	8704	10880	13056	15232	17408	19584
2177	4354	6531	8708	10885	13062	15239	17416	19593
2178	4356	6534	8712	10890	13068	15246	17424	19602
2179	4358	6537	8716	10895	13074	15253	17432	19611
2181	4362	6543	8724	10905	13086	15267	17448	19629
2182	4364	6546	8728	10910	13092	15274	17456	19638
2183	4366	6549	8732	10915	13098	15281	17464	19647
2184	4368	6552	8736	10920	13104	15288	17472	19656
2185	4370	6555	8740	10925	13110	15295	17480	19665
3186	4372	6558	8744	10930	13116	15302	17488	19674
2187	4374	6561	8748	10935	13122	15309	17496	19683
2188	4376	6564	8752	10940	13128	15316	17504	19692
2189	4378	6567	8756	10945	13134	15323	17512	19701
2191	4382	6573	8764	10955	13146	15337	17528	19719
2192	4384	6576	8768	10960	13152	15344	17536	19728
2193	4386	6579	8772	10965	13158	15351	17544	19737
2194	4388	6582	8776	10970	13164	15358	17552	19746
2195	4390	6585	8780	10975	13170	15365	17560	19755
2196	4392	6588	8784	10980	13176	15372	17568	19764
2197	4394	6591	8788	10985	13182	15379	17576	19773
2198	4396	6594	8792	10990	13188	15386	17584	19782
2199	4398	6597	8796	10995	13194	15393	17592	19791
2201	4402	6603	8804	11005	13206	15407	17608	19809
2202	4404	6606	8808	11010	13212	15414	17616	19818
2203	4406	6609	8812	11015	13218	15421	17624	19827
2204	4408	6612	8816	11020	13224	15428	17632	19836
2205	4410	6615	8820	11025	13230	15435	17640	19845
2206	4412	6618	8824	11030	13236	15442	17648	19854
2207	4414	6621	8828	11035	13242	15449	17656	19863
2208	4416	6624	8832	11040	13248	15456	17664	19872
2209	4418	6627	8836	11045	13254	15463	17672	19881
2211	4422	6633	8844	11055	13266	15477	17688	19899
2212	4424	6636	8848	11060	13272	15484	17696	19908
2213	4426	6639	8852	11065	13278	15491	17704	19917
2214	4428	6642	8856	11070	13284	15498	17712	19926
2215	4430	6645	8860	11075	13290	15505	17720	19935
2216	4432	6648	8864	11080	13296	15512	17728	19944
2217	4434	6651	8868	11085	13302	15519	17736	19953
2218	4436	6654	8872	11090	13308	15526	17744	19962
2219	4438	6657	8876	11095	13314	15533	17752	19971
2221	4442	6663	8884	11105	13326	15547	17768	19989
2222	4444	6666	8888	11110	13332	15554	17776	19998
2223	4446	6669	8892	11115	13338	15561	17784	20007

1	2	3	4	5	6	7	8	9
2224	4448	6672	8896	11120	13344	15568	17792	20016
2225	4450	6675	8900	11125	13350	15575	17800	20025
2226	4452	6678	8904	11130	13356	15582	17808	20034
2227	4454	6681	8908	11135	13362	15589	17816	20043
2228	4456	6684	8912	11140	13368	15596	17824	20052
2229	4458	6687	8916	11145	13374	15603	17832	20061
2231	4462	6693	8924	11155	13386	15617	17848	20079
2232	4464	6696	8928	11160	13392	15624	17856	20088
2233	4466	6699	8932	11165	13398	15631	17864	20097
2234	4468	6702	8936	11170	13404	15638	17872	20106
2235	4470	6705	8940	11175	13410	15645	17880	20115
2236	4472	6708	8944	11180	13416	15652	17888	20124
2237	4474	6711	8948	11185	13422	15659	17896	20133
2238	4476	6714	8952	11190	13428	15666	17904	20142
2239	4478	6717	8956	11195	13434	15673	17912	20151
2241	4482	6723	8964	11205	13446	15687	17928	20169
2242	4484	6726	8968	11210	13452	15694	17936	20178
2243	4486	6729	8972	11215	13458	15701	17944	20187
2244	4488	6732	8976	11220	13464	15708	17952	20196
2245	4490	6735	8980	11225	13470	15715	17960	20205
2246	4492	6738	8984	11230	13476	15722	17968	20214
2247	4494	6741	8988	11235	13482	15729	17976	20223
2248	4496	6744	8992	11240	13488	15736	17984	20232
2249	4498	6747	8996	11245	13494	15743	17992	20241
2251	4502	6753	9004	11255	13506	15757	18008	20259
2252	4504	6756	9008	11260	13512	15764	18016	20268
2253	4506	6759	9012	11265	13518	15771	18024	20277
2254	4508	6762	9016	11270	13524	15778	18032	20286
2255	4510	6765	9020	11275	13530	15785	18040	20295
2256	4512	6768	9024	11280	13536	15792	18048	20304
2257	4514	6771	9028	11285	13542	15799	18056	20313
2258	4516	6774	9032	11290	13548	15806	18064	20322
2259	4518	6777	9036	11295	13554	15813	18072	20331
2261	4522	6783	9044	11305	13566	15827	18088	20349
2262	4524	6786	9048	11310	13572	15834	18096	20358
2263	4526	6789	9052	11315	13578	15841	18104	20367
2264	4528	6792	9056	11320	13584	15848	18112	20376
2265	4530	6795	9060	11325	13590	15855	18120	20385
2266	4532	6798	9064	11330	13596	15862	18128	20394
2267	4534	6801	9068	11335	13602	15869	18136	20403
2268	4536	6804	9072	11340	13608	15876	18144	20412
2269	4538	6807	9076	11345	13614	15883	18152	20421
2271	4542	6813	9084	11355	13626	15897	18168	20439
2272	4544	6816	9088	11360	13632	15904	18176	20448
2273	4546	6819	9092	11365	13638	15911	18184	20457
2274	4548	6822	9096	11370	13644	15918	18192	20466
2275	4550	6825	9100	11375	13650	15925	18200	20475
2276	4552	6828	9104	11380	13656	15932	18208	20484
2277	4554	6831	9108	11385	13662	15939	18216	20493
2278	4556	6834	9112	11390	13668	15946	18224	20502

1	2	3	4	5	6	7	8	9
2279	4558	6837	9116	11395	13674	15953	18232	20511
2281	4562	6843	9124	11405	13686	15967	18248	20529
2282	4564	6846	9128	11410	13692	15974	18256	20538
2283	4566	6849	9132	11415	13698	15981	18264	20547
2284	4568	6852	9136	11420	13704	15988	18272	20556
2285	4570	6855	9140	11425	13710	15995	18280	20565
2286	4572	6858	9144	11430	13716	16002	18288	20574
2287	4574	6861	9148	11435	13722	16009	18296	20583
2288	4576	6864	9152	11440	13728	16016	18304	20592
2289	4578	6867	9156	11445	13734	16023	18312	20601
2291	4582	6873	9164	11455	13746	16037	18328	20619
2292	4584	6876	9168	11460	13752	16044	18336	20628
2293	4586	6879	9172	11465	13758	16051	18344	20637
2294	4588	6882	9176	11470	13764	16058	18352	20646
2295	4590	6885	9180	11475	13770	16065	18360	20655
2296	4592	6888	9184	11480	13776	16072	18368	20664
2297	4594	6891	9188	11485	13782	16079	18376	20673
2298	4596	6894	9192	11490	13788	16086	18384	20682
2299	4598	6897	9196	11495	13794	16093	18392	20691
2301	4602	6903	9204	11505	13806	16107	18408	20709
2302	4604	6906	9208	11510	13812	16114	18416	20718
2303	4606	6909	9212	11515	13818	16121	18424	20727
2304	4608	6912	9216	11520	13824	16128	18432	20736
2305	4610	6915	9220	11525	13830	16135	18440	20745
2306	4612	6918	9224	11530	13836	16142	18448	20754
2307	4614	6921	9228	11535	13842	16149	18456	20763
2308	4616	6924	9232	11540	13848	16156	18464	20772
2309	4618	6927	9236	11545	13854	16163	18472	20781
2311	4622	6933	9244	11555	13866	16177	18488	20799
2312	4624	6936	9248	11560	13872	16184	18496	20808
2313	4626	6939	9252	11565	13878	16191	18504	20817
2314	4628	6942	9256	11570	13884	16198	18512	20826
2315	4630	6945	9260	11575	13890	16205	18520	20835
2316	4632	6948	9264	11580	13896	16212	18528	20844
2317	4634	6951	9268	11585	13902	16219	18536	20853
2318	4636	6954	9272	11590	13908	16226	18544	20862
2319	4638	6957	9276	11595	13914	16233	18552	20871
2321	4642	6963	9284	11605	13926	16247	18568	20889
2322	4644	6966	9288	11610	13932	16254	18576	20898
2323	4646	6969	9292	11615	13938	16261	18584	20907
2324	4648	6972	9296	11620	13944	16268	18592	20916
2325	4650	6975	9300	11625	13950	16275	18600	20925
2326	4652	6978	9304	11630	13956	16282	18608	20934
2327	4654	6981	9308	11635	13962	16289	18616	20943
2328	4656	6984	9312	11640	13968	16296	18624	20952
2329	4658	6987	9316	11645	13974	16303	18632	20961
2331	4662	6993	9324	11655	13986	16317	18648	20979
2332	4664	6996	9328	11660	13992	16324	18656	20988
2333	4666	6999	9332	11665	13998	16331	18664	20997
2334	4668	7002	9336	11670	14004	16338	18672	21006

1	2	3	4	5	6	7	8	9
2335	4670	7005	9340	11675	14010	16345	18680	21015
2336	4672	7008	9344	11680	14016	16352	18688	21024
2337	4674	7011	9348	11685	14022	16359	18696	21033
2338	4676	7014	9352	11690	14028	16366	18704	21042
2339	4678	7017	9356	11795	14034	16373	18712	21051
2341	4682	7023	9364	11705	14046	16387	18728	21069
2342	4684	7026	9368	11710	14052	16394	18736	21078
2343	4686	7029	9372	11715	14058	16401	18744	21087
2344	4688	7032	9376	11720	14064	16408	18752	21096
2345	4690	7035	9380	11725	14070	16415	18760	21105
2346	4692	7038	9384	11730	14076	16422	18768	21114
2347	4694	7041	9388	11735	14082	16429	18776	21123
2348	4696	7044	9392	11740	14088	16436	18784	21132
2349	4698	7047	9396	11745	14094	16443	18792	21141
2351	4702	7053	9404	11755	14106	16457	18808	21159
2352	4704	7056	9408	11760	14112	16464	18816	21168
2353	4706	7059	9412	11765	14118	16471	18824	21177
2354	4708	7062	9416	11770	14124	16478	18832	21186
2355	4710	7065	9420	11775	14130	16485	18840	21195
2356	4712	7068	9424	11780	14136	16492	18848	21204
2357	4714	7071	9428	11785	14142	16499	18856	21213
2358	4716	7074	9432	11790	14148	16506	18864	21222
2359	4718	7077	9436	11795	14154	16513	18872	21231
2361	4722	7083	9444	11805	14166	16527	18888	21249
2362	4724	7086	9448	11810	14172	16534	18896	21258
2363	4726	7089	9452	11815	14178	16541	18904	21267
2364	4728	7092	9456	11820	14184	16548	18912	21276
2365	4730	7095	9460	11825	14190	16555	18920	21285
2366	4732	7098	9464	11830	14196	16562	18928	21294
2367	4734	7101	9468	11835	14202	16569	18936	21303
2368	4736	7104	9472	11840	14208	16576	18944	21312
2369	4738	7107	9476	11845	14214	16583	18952	21321
2371	4742	7113	9484	11855	14226	16597	18968	21339
2372	4744	7116	9488	11860	14232	16604	18976	21348
2373	4746	7119	9492	11865	14238	16611	18984	21357
2374	4748	7122	9496	11870	14244	16618	18992	21366
2375	4750	7125	9500	11875	14250	16625	19000	21375
2376	4752	7128	9504	11880	14256	16632	19008	21384
2377	4754	7131	9508	11885	14262	16639	19016	21393
2378	4756	7134	9512	11890	14268	16646	19024	21402
2379	4758	7137	9516	11895	14274	16653	19032	21411
2381	4762	7143	9524	11905	14286	16667	19048	21429
2382	4764	7146	9528	11910	14292	16674	19056	21438
2383	4766	7149	9532	11915	14298	16681	19064	21447
2384	4768	7152	9536	11920	14304	16688	19072	21456
2385	4770	7155	9540	11925	14310	16695	19080	21465
2386	4772	7158	9544	11930	14316	16702	19088	21474
2387	4774	7161	9548	11935	14322	16709	19096	21483
2388	4776	7164	9552	11940	14328	16716	19104	21492
2389	4778	7167	9556	11945	14334	16723	19112	21501

1	2	3	4	5	6	7	8	9
2391	4782	7173	9564	11955	14346	16737	19128	21519
2392	4784	7176	9568	11960	14352	16744	19136	21528
2393	4786	7179	9572	11965	14358	16751	19144	21537
2394	4788	7182	9576	11970	14364	16758	19152	21546
2395	4790	7185	9580	11975	14370	16765	19160	21555
2396	4792	7188	9584	11980	14376	16772	19168	21564
2397	4794	7191	9588	11985	14382	16779	19176	21573
2398	4796	7194	9592	11990	14388	16786	19184	21582
2399	4798	7197	9596	11995	14394	16793	19192	21591
2401	4802	7203	9604	12005	14406	16807	19208	21609
2402	4804	7206	9608	12010	14412	16814	19216	21618
2403	4806	7209	9612	12015	14418	16821	19224	21627
2404	4808	7212	9616	12020	14424	16828	19232	21636
2405	4810	7215	9620	12025	14430	16835	19240	21645
2406	4812	7218	9624	12030	14436	16842	19248	21654
2407	4814	7221	9628	12035	14442	16849	19256	21663
2408	4816	7224	9632	12040	14448	16856	19264	21672
2409	4818	7227	9636	12045	14454	16863	19272	21681
2411	4822	7233	9644	12055	14466	16877	19288	21699
2412	4824	7236	9648	12060	14472	16884	19296	21708
2413	4826	7239	9652	12065	14478	16891	19304	21717
2414	4828	7242	9656	12070	14484	16898	19312	21726
2415	4830	7245	9660	12075	14490	16905	19320	21735
2416	4832	7248	9664	12080	14496	16912	19328	21744
2417	4834	7251	9668	12085	14502	16919	19336	21753
2418	4836	7254	9672	12090	14508	16926	19344	21762
2419	4838	7257	9676	12095	14514	16933	19352	21771
2421	4842	7263	9684	12105	14526	16947	19368	21789
2422	4844	7266	9688	12110	14532	16954	19376	21798
2423	4846	7269	9692	12115	14538	16961	19384	21807
2424	4848	7272	9696	12120	14544	16968	19392	21816
2425	4850	7275	9700	12125	14550	16975	19400	21825
2426	4852	7278	9704	12130	14556	16982	19408	21834
2427	4854	7281	9708	12135	14562	16989	19416	21843
2428	4856	7284	9712	12140	14568	16996	19424	21852
2429	4858	7287	9716	12145	14574	17003	19432	21861
2431	4862	7293	9724	12155	14586	17017	19448	21879
2432	4864	7296	9728	12160	14592	17024	19456	21888
2433	4866	7299	9732	12165	14598	17031	19464	21897
2434	4868	7302	9736	12170	14604	17038	19472	21906
2435	4870	7305	9740	12175	14610	17045	19480	21915
2436	4872	7308	9744	12180	14616	17052	19488	21924
2437	4874	7311	9748	12185	14622	17059	19496	21933
2438	4876	7314	9752	12190	14628	17066	19504	21942
2439	4878	7317	9756	12195	14634	17073	19512	21951
2441	4882	7323	9764	12205	14646	17087	19528	21969
2442	4884	7326	9768	12210	14652	17094	19536	21978
2443	4886	7329	9772	12215	14658	17101	19544	21987
2444	4888	7332	9776	12220	14664	17108	19552	21996
2445	4890	7335	9780	12225	14670	17115	19560	22005

1	2	3	4	5	6	7	8	9
2446	4892	7338	9784	12230	14676	17122	19568	22014
2447	4894	7341	9788	12235	14682	17129	19576	22023
2448	4896	7344	9792	12240	14688	17136	19584	22032
2449	4898	7347	9796	12245	14694	17143	19592	22041
2451	4902	7353	9804	12255	14706	17157	19608	22059
2452	4904	7356	9808	12260	14712	17164	19616	22068
2453	4906	7359	9812	12265	14718	17171	19624	22077
2454	4908	7362	9816	12270	14724	17178	19632	22086
2455	4910	7365	9820	12275	14730	17185	19640	22095
2456	4912	7368	9824	12280	14736	17192	19648	22104
2457	4914	7371	9828	12285	14742	17199	19656	22113
2458	4916	7374	9832	12290	14748	17206	19664	22122
2459	4918	7377	9836	12295	14754	17213	19672	22131
2461	4922	7383	9844	12305	14766	17227	19688	22149
2462	4924	7386	9848	12310	14772	17234	19696	22158
2463	4926	7389	9852	12315	14778	17241	19704	22167
2464	4928	7392	9856	12320	14784	17248	19712	22176
2465	4930	7395	9860	12325	14790	17255	19720	22185
2466	4932	7398	9864	12330	14796	17262	19728	22194
2467	4934	7401	9868	12335	14802	17269	19736	22203
2468	4936	7404	9872	12340	14808	17276	19744	22212
2469	4938	7407	9876	12345	14814	17283	19752	22221
2471	4942	7413	9884	12355	14826	17297	19768	22239
2472	4944	7416	9888	12360	14832	17304	19776	22248
2473	4946	7419	9892	12365	14838	17311	19784	22257
2474	4948	7422	9896	12370	14844	17318	19792	22266
2475	4950	7425	9900	12375	14850	17325	19800	22275
2476	4952	7428	9904	12380	14856	17332	19808	22284
2477	4954	7431	9908	12385	14862	17339	19816	22293
2478	4956	7434	9912	12395	14868	17346	19824	22302
2479	4958	7437	9916	12405	14874	17353	19832	22311
2481	4962	7443	9924	12410	14886	17367	19848	22329
2482	4964	7446	9928	12415	14892	17374	19856	22338
2483	4966	7449	9932	12420	14898	17381	19864	22347
2484	4968	7452	9936	12425	14904	17388	19872	22356
2485	4970	7455	9940	12430	14910	17395	19880	22365
2486	4972	7458	9944	12435	14916	17402	19888	22374
2487	4974	7461	9948	12440	14922	17409	19896	22383
2488	4976	7464	9952	12445	14928	17416	19904	22392
2489	4978	7467	9956	12450	14934	17423	19912	22401
2491	4982	7473	9964	12455	14946	17437	19928	22419
2492	4984	7476	9968	12460	14952	17444	19936	22428
2493	4986	7479	9972	12465	14958	17451	19944	22437
2494	4988	7482	9976	12470	14964	17458	19952	22446
2495	4990	7485	9980	12475	14970	17465	19960	22455
2496	4992	7488	9984	12480	14976	17472	19968	22464
2497	4994	7491	9988	12485	14982	17479	19976	22473
2498	4996	7494	9992	12490	14988	17486	19984	22482
2499	4998	7497	9996	12495	14994	17493	19992	22491
2501	5002	7503	10004	12505	15006	17507	20008	22509

1	2	3	4	5	6	7	8	9
2502	5004	7506	10008	12510	15012	17514	20016	22518
2503	5006	7509	10012	12515	15018	17521	20024	22527
2504	5008	7512	10016	12520	15024	17528	20032	22536
2505	5010	7515	10020	12525	15030	17535	20040	22545
2506	5012	7518	10024	12530	15036	17542	20048	22554
2507	5014	7521	10028	12535	15042	17549	20056	22563
2508	5016	7524	10032	12540	15048	17556	20064	22572
2509	5018	7527	10036	12545	15054	17563	20072	22581
2511	5022	7533	10044	12555	15066	17577	20088	22599
2512	5024	7536	10048	12560	15072	17584	20096	22608
2513	5026	7539	10052	12565	15078	17591	20104	22617
2514	5028	7542	10056	12570	15084	17598	20112	22626
2515	5030	7545	10060	12575	15090	17605	20120	22635
2516	5032	7548	10064	12580	15096	17612	20128	22644
2517	5034	7551	10068	12585	15102	17619	20136	22653
2518	5036	7554	10072	12590	15108	17626	20144	22662
2519	5038	7557	10076	12595	15114	17633	20152	22671
2521	5042	7563	10084	12605	15126	17647	20168	22689
2522	5044	7566	10088	12610	15132	17654	20176	22698
2523	5046	7569	10092	12615	15138	17661	20184	22707
2524	5048	7572	10096	12620	15144	17668	20192	22716
2525	5050	7575	10100	12625	15150	17675	20200	22725
2526	5052	7578	10104	12630	15156	17682	20208	22734
2527	5054	7581	10108	12635	15162	17689	20216	22743
2528	5056	7584	10112	12640	15168	17696	20224	22752
2529	5058	7587	10116	12645	15174	17703	20232	22761
2531	5062	7593	10124	12655	15186	17717	20248	22779
2532	5064	7596	10128	12660	15192	17724	20256	22788
2533	5066	7599	10132	12665	15198	17731	20264	22797
2534	5068	7602	10136	12670	15204	17738	20272	22806
2535	5070	7605	10140	12675	15210	17745	20280	22815
2536	5072	7608	10144	12680	15216	17752	20288	22824
2537	5074	7611	10148	12685	15222	17759	20296	22833
2538	5076	7614	10152	12690	15228	17766	20304	22842
2539	5078	7617	10156	12695	15234	17773	20312	22851
2541	5082	7623	10164	12705	15246	17787	20328	22869
2542	5084	7626	10168	12710	15252	17794	20336	22878
2543	5086	7629	10172	12715	15258	17801	20344	22887
2544	5088	7632	10176	12720	15264	17808	20352	22896
2545	5090	7635	10180	12725	15270	17815	20360	22905
2546	5092	7638	10184	12730	15276	17822	20368	22914
2547	5094	7641	10188	12735	15282	17829	20376	22923
2548	5096	7644	10172	12740	15288	17836	20384	22932
2549	5098	7647	10196	12745	15294	17843	20392	22941
2551	5102	7653	10204	12755	15306	17857	20408	22959
2552	5104	7656	10208	12760	15312	17864	20416	22968
2553	5106	7659	10212	12765	15318	17871	20424	22977
2554	5108	7662	10216	12770	15324	17878	20432	22986
2555	5110	7665	10220	12775	15330	17885	20440	22995
2556	5112	7668	10224	12780	15336	17892	20448	23004

1	2	3	4	5	6	7	8	9
2557	5114	7671	10228	12785	15342	17899	20456	23013
2558	5116	7674	10232	12790	15348	17906	20464	23022
2559	5118	7677	10236	12795	15354	17913	20472	23031
2561	5122	7683	10244	12805	15366	17927	20488	23049
2562	5124	7686	10248	12810	15372	17934	20496	23058
2563	5126	7689	10252	12815	15378	17941	20504	23067
2564	5128	7692	10256	12820	15384	17948	20512	23076
2565	5130	7695	10260	12825	15390	17955	20520	23085
2566	5132	7698	10264	12830	15396	17962	20528	23094
2567	5134	7701	10268	12835	15402	17969	20536	23103
2568	5136	7704	10272	12840	15408	17976	20544	23112
2569	5138	7707	10276	12845	15414	17983	20552	23121
2571	5142	7713	10284	12855	15426	17997	20568	23139
2572	5144	7716	10288	12860	15432	18004	20576	23148
2573	5146	7719	10292	12865	15438	18011	20584	23157
2574	5148	7722	10296	12870	15444	18018	20592	23166
2575	5150	7725	10300	12875	15450	18025	20600	23175
2576	5152	7728	10304	12880	15456	18032	20608	23184
2577	5154	7731	10308	12885	15462	18039	20616	23193
2578	5156	7734	10312	12890	15468	18046	20624	23202
2579	5158	7737	10316	12895	15474	18053	20632	23211
2581	5162	7743	10324	12905	15486	18067	20648	23229
2582	5164	7746	10328	12910	15492	18074	20656	23238
2583	5166	7749	10332	12915	15498	18081	20664	23247
2584	5168	7752	10336	12920	15504	18088	20672	23256
2585	5170	7755	10340	12925	15510	18095	20680	23265
2586	5172	7758	10344	12930	15516	18102	20688	23274
2587	5174	7761	10348	12935	15522	18109	20696	23283
2588	5176	7764	10352	12940	15528	18116	20704	23292
2589	5178	7767	10356	12945	15534	18123	20712	23301
2591	5182	7773	10364	12955	15546	18137	20728	23319
2592	5184	7776	10368	12960	15552	18144	20736	23328
2593	5186	7779	10372	12965	15558	18151	20744	23337
2594	5188	7782	10376	12970	15564	18158	20752	23346
2595	5190	7785	10380	12975	15570	18165	20760	23355
2596	5192	7788	10384	12980	15576	18172	20768	23364
2597	5194	7791	10388	12985	15582	18179	20776	23373
2598	5196	7794	10392	12990	15588	18186	20784	23382
2599	5198	7797	10396	12995	15594	18193	20792	23391
2601	5202	7803	10404	13005	15606	18207	20808	23409
2602	5204	7806	10408	13010	15612	18214	20816	23418
2603	5206	7809	10412	13015	15618	18221	20824	23427
2604	5208	7812	10416	13020	15624	18228	20832	23436
2605	5210	7815	10420	13025	15630	18235	20840	23445
2606	5212	7818	10424	13030	15636	18242	20848	23454
2607	5214	7821	10428	13035	15642	18249	20856	23463
2608	5216	7824	10432	13040	15648	18256	20864	23472
2609	5218	7827	10436	13045	15654	18263	20872	23481
2611	5222	7833	10444	13055	15666	18277	20888	23499
2612	5224	7836	10448	13060	15672	18284	20896	23508

1	2	3	4	5	6	7	8	9
2613	5226	7839	10452	13065	15678	18291	20904	23517
2614	5228	7842	10456	13070	15684	18298	20912	23526
2615	5230	7845	10460	13075	15690	18305	20920	23535
2616	5232	7848	10464	13080	15696	18312	20928	23544
2617	5234	7851	10468	13085	15702	18319	20936	23553
2618	5236	7854	10472	13090	15708	18326	20944	23562
2619	5238	7857	10476	13095	15714	18333	20952	23571
2621	5242	7863	10484	13105	15726	18347	20968	23589
2622	5244	7866	10488	13110	15732	18354	20976	23598
2623	5246	7869	10492	13115	15738	18361	20984	23607
2624	5248	7872	10496	13120	15744	18368	20992	23616
2625	5250	7875	10500	13125	15750	18375	21000	23625
2626	5252	7878	10504	13130	15756	18382	21008	23634
2627	5254	7881	10508	13135	15762	18389	21016	23643
2628	5256	7884	10512	13140	15768	18396	21024	23652
2629	5258	7887	10516	13145	15774	18403	21032	23661
2631	5262	7893	10524	13155	15786	18417	21048	23679
2632	5264	7896	10528	13160	15792	18424	21056	23688
2633	5266	7899	10532	13165	15798	18431	21064	23697
2634	5268	7902	10536	13170	15804	18438	21072	23706
2635	5270	7905	10540	13175	15810	18445	21080	23715
2636	5272	7908	10544	13180	15816	18452	21088	23724
2637	5274	7911	10548	13185	15822	18459	21096	23733
2638	5276	7914	10552	13190	15828	18466	21104	23742
2639	5278	7917	10556	13195	15834	18473	21112	23751
2641	5282	7923	10564	13205	15846	18487	21128	23769
2642	5284	7926	10568	13210	15852	18494	21136	23778
2643	5286	7929	10572	13215	15858	18501	21144	23787
2644	5288	7932	10576	13220	15864	18508	21152	23796
2645	5290	7935	10580	13225	15870	18515	21160	23805
2646	5292	7938	10584	13230	15876	18522	21168	23814
2647	5294	7941	10588	13235	15882	18529	21176	23823
2648	5296	7944	10592	13240	15888	18536	21184	23832
2649	5298	7947	10596	13245	15894	18543	21192	23841
2651	5302	7953	10604	13255	15906	18557	21208	23859
2652	5304	7956	10608	13260	15912	18564	21216	23868
2653	5306	7959	10612	13265	15918	18571	21224	23877
2654	5308	7962	10616	13270	15924	18578	21232	23886
2655	5310	7965	10620	13275	15930	18585	21240	23895
2656	5312	7968	10624	13280	15936	18592	21248	23904
2657	5314	7971	10628	13285	15942	18599	21256	23713
2658	5316	7974	10632	13290	15948	18606	21264	23922
2659	5318	7977	10636	13295	15954	18613	21272	23931
2661	5322	7983	10644	13305	15966	18627	21288	23949
2662	5324	7986	10648	13310	15972	18634	21296	23958
2663	5326	7989	10652	13315	15978	18641	21304	23967
2664	5328	7992	10656	13320	15984	18648	21312	23976
2665	5330	7995	10660	13325	15990	18655	21320	23985
2666	5332	7998	10664	13330	15996	18662	21328	23994
2667	5334	8001	10668	13335	16002	18669	21336	24003

1	2	3	4	5	6	7	8	9
2668	5336	8004	10672	13340	16008	18676	21344	24012
2669	5338	8007	10676	13345	16014	18683	21352	24021
2671	5342	8013	10684	13355	16026	18697	21368	24039
2672	5344	8016	10688	13360	16032	18704	21376	24048
2673	5346	8019	10692	13365	16038	18711	21384	24057
2674	5348	8022	10696	13370	16044	18718	21392	24066
2675	5350	8025	10700	13375	16050	18725	21400	24075
2676	5352	8028	10704	13380	16056	18732	21408	24084
2677	5354	8031	10708	13385	16062	18739	21416	24093
2678	5356	8034	10712	13390	16068	18746	21424	24102
2679	5358	8037	10716	13395	16074	18753	21432	24111
2681	5362	8043	10724	13405	16086	18767	21448	24129
2682	5364	8046	10728	13410	16092	18774	21456	24138
2683	5366	8049	10732	13415	16098	18781	21464	24147
2684	5368	8052	10736	13420	16104	18788	21472	24156
2685	5370	8055	10740	13425	16110	18795	21480	24165
2686	5372	8058	10744	13430	16116	18802	21488	24174
2687	5374	8061	10748	13435	16122	18809	21496	24183
2688	5376	8064	10752	13440	16128	18816	21504	24192
2689	5378	8067	10756	13445	16134	18823	21512	24201
2691	5382	8073	10764	13455	16146	18837	21528	24219
2692	5384	8076	10768	13460	16152	18844	21536	24228
2693	5386	8079	10772	13465	16158	18851	21544	24237
2694	5388	8082	10776	13470	16164	18858	21552	24246
2695	5390	8085	10780	13475	16170	18865	21560	24255
2696	5392	8088	10784	13480	16176	18872	21568	24264
2697	5394	8091	10788	13485	16182	18879	21576	24273
2698	5396	8094	10792	13490	16188	18886	21584	24282
2699	5398	8097	10796	13495	16194	18893	21592	24291
2701	5402	8103	10804	13505	16206	18907	21608	24309
2702	5404	8106	10808	13510	16212	18914	21616	24318
2703	5406	8109	10812	13515	16218	18921	21624	24327
2704	5408	8112	10816	13520	16224	18928	21632	24336
2705	5410	8115	10820	13525	16230	18935	21640	24345
2706	5412	8118	10824	13530	16236	18942	21648	24354
2707	5414	8121	10828	13535	16242	18949	21656	24363
2708	5416	8124	10832	13540	16248	18956	21664	24372
2709	5418	8127	10836	13545	16254	18963	21672	24381
2711	5422	8133	10844	13555	16266	18977	21688	24399
2712	5424	8136	10848	13560	16272	18984	21696	24408
2713	5426	8139	10852	13565	16278	18991	21704	24417
2714	5428	8142	10856	13570	16284	18998	21712	24426
2715	5430	8145	10860	13575	16290	19005	21720	24435
2716	5432	8148	10864	13580	16296	19012	21728	24444
2717	5434	8151	10868	13585	16302	19019	21736	24453
2718	5436	8154	10872	13590	16308	19026	21744	24462
2719	5438	8157	10876	13595	16314	19033	21752	24471
2721	5442	8163	10884	13605	16326	19047	21768	24489
2722	5444	8166	10888	13610	16332	19054	21776	24498
2723	5446	8169	10892	13615	16338	19061	21784	24507

1	2	3	4	5	6	7	8	9
2724	5448	8172	10896	13620	16344	19068	21792	24516
2725	5450	8175	10900	13625	16350	19075	21800	24525
2726	5452	8178	10904	13630	16356	19082	21808	24534
2727	5454	8181	10908	13635	16362	19089	21816	24543
2728	5456	8184	10912	13640	16368	19096	21824	24552
2729	5458	8187	10916	13645	16374	19103	21831	24561
2731	5462	8193	10924	13655	16386	19117	21848	24579
2732	5464	8196	10928	13660	16392	19124	21856	24588
2733	5466	8199	10932	13665	16398	19131	21864	24597
2734	5468	8202	10936	13670	16404	19138	21872	24606
2735	5470	8205	10940	13675	16410	19145	21880	24615
2736	5472	8208	10944	13680	16416	19152	21888	24624
2737	5474	8211	10948	13685	16422	19159	21896	24633
2738	5476	8214	10952	13690	16428	19166	21904	24642
2739	5478	8217	10956	13695	16434	19173	21912	24651
2741	5482	8223	10964	13705	16446	19187	21928	24669
2742	5484	8226	10968	13710	16452	19194	21936	24678
2743	5486	8229	10972	13715	16458	19201	21944	24687
2744	5488	8232	10976	13720	16464	19208	21952	24696
2745	5490	8235	10980	13725	16470	19215	21960	24705
2746	5492	8238	10984	13730	16476	19222	21968	24714
2747	5494	8241	10988	13735	16482	19229	21976	24723
2748	5496	8244	10992	13740	16488	19236	21984	24732
2749	5498	8247	10996	13745	16494	19243	21992	24741
2751	5502	8253	11004	13755	16506	19257	22008	24759
2752	5504	8256	11008	13760	16512	19264	22016	24768
2753	5506	8259	11012	13765	16518	19271	22024	24777
2754	5508	8262	11016	13770	16524	19278	22032	24786
2755	5510	8265	11020	13775	16530	19285	22040	24795
2756	5512	8268	11024	13780	16536	19292	22048	24804
2757	5514	8271	11028	13785	16542	19299	22056	24813
2758	5516	8274	11032	13790	16548	19306	22064	24822
2759	5518	8277	11036	13795	16554	19313	22072	24831
2761	5522	8283	11044	13805	16566	19327	22088	24849
2762	5524	8286	11048	13810	16572	19334	22096	24858
2763	5526	8289	11052	13815	16578	19341	22104	24867
2764	5528	8292	11056	13820	16584	19348	22112	24876
2765	5530	8295	11060	13825	16590	19355	22120	24885
2766	5532	8298	11064	13830	16596	19362	22128	24894
2767	5534	8301	11068	13835	16602	19369	22136	24903
2768	5536	8304	11072	13840	16608	19376	22144	24912
2769	5538	8307	11076	13845	16614	19383	22152	24921
2771	5542	8313	11084	13855	16626	19397	22168	24939
2772	5544	8316	11088	13860	16632	19404	22176	24948
2773	5546	8319	11092	13865	16638	19411	22184	24957
2774	5548	8322	11096	13870	16644	19418	22192	24966
2775	5550	8325	11100	13875	16650	19425	22200	24975
2776	5552	8328	11104	13880	16656	19432	22208	24984
2777	5554	8331	11108	13885	16662	19439	22216	24993
2778	5556	8334	11112	13890	16668	19446	22224	25002

1	2	3	4	5	6	7	8	9
2779	5558	8337	11116	13895	16674	19453	22232	25011
2781	5562	8343	11124	13905	16686	19467	22248	25029
2782	5564	8346	11128	13910	16692	19474	22256	25038
2783	5566	8349	11132	13915	16698	19481	22264	25047
2784	5568	8352	11136	13920	16704	19488	22272	25056
2785	5570	8355	11140	13925	16710	19495	22280	25065
2786	5572	8358	11144	13930	16716	19502	22288	25074
2787	5574	8361	11148	13935	16722	19509	22296	25083
2788	5576	8364	11152	13940	16728	19516	22304	25092
2789	5578	8367	11156	13945	16734	19523	22312	25101
2791	5582	8373	11164	13955	16746	19537	22328	25119
2792	5584	8376	11168	13960	16752	19544	22336	25128
2793	5586	8379	11172	13965	16758	19551	22344	25137
2794	5588	8382	11176	13970	16764	19558	22352	25146
2795	5590	8385	11180	13975	16770	19565	22360	25155
2796	5592	8388	11184	13980	16776	19572	22368	25164
2797	5594	8391	11188	13985	16782	19579	22376	25173
2798	5596	8394	11192	13990	16788	19586	22384	25182
2799	5598	8397	11196	13995	16794	19593	22392	25191
2801	5602	8403	11204	14005	16806	19607	22408	25209
2802	5604	8406	11208	14010	16812	19614	22416	25218
2803	5606	8409	11212	14015	16818	19621	22424	25227
2804	5608	8412	11216	14020	16824	19628	22432	25236
2805	5610	8415	11220	14025	16830	19635	22440	25245
2806	5612	8418	11224	14030	16836	19642	22448	25254
2807	5614	8421	11228	14035	16842	19649	22456	25263
2808	5616	8424	11232	14040	16848	19656	22464	25272
2809	5618	8427	11236	14045	16854	19663	22472	25281
2811	5622	8433	11244	14055	16866	19677	22488	25299
2812	5624	8436	11248	14060	16872	19684	22496	25308
2813	5626	8439	11252	14065	16878	19691	22504	25317
2814	5628	8442	11256	14070	16884	19698	22512	25326
2815	5630	8445	11260	14075	16890	19705	22520	25335
2816	5632	8448	11264	14080	16896	19712	22528	25344
2817	5634	8451	11268	14085	16902	19719	22536	25353
2818	5636	8454	11272	14090	16908	19726	22544	25362
2819	5638	8457	11276	14095	16914	19733	22552	25371
2821	5642	8463	11284	14105	16926	19747	22568	25389
2822	5644	8466	11288	14110	16932	19754	22576	25398
2823	5646	8469	11292	14115	16938	19761	22584	25407
2824	5648	8472	11296	14120	16944	19768	22592	25416
2825	5650	8475	11300	14125	16950	19775	22600	25425
2826	5652	8478	11304	14130	16956	19782	22608	25434
2827	5654	8481	11308	14135	16962	19789	22616	25443
2828	5656	8484	11312	14140	16968	19796	22624	25452
2829	5658	8487	11316	14145	16974	19803	22632	25461
2831	5662	8493	11324	14155	16986	19817	22648	25479
2832	5664	8496	11328	14160	16992	19824	22656	25488
2833	5666	8499	11332	14165	16998	19831	22664	25497
2834	5668	8502	11336	14170	17004	19838	22672	25506

1	2	3	4	5	6	7	8	9
2835	5670	8505	11340	14175	17010	19845	22680	25515
2836	5672	8508	11344	14180	17016	19852	22688	25524
2837	5674	8511	11348	14185	17022	19859	22696	25533
2838	5676	8514	11352	14190	17028	19866	22704	25542
2839	5678	8517	11356	14195	17034	19873	22712	25551
2841	5682	8523	11364	14205	17046	19887	22728	25569
2842	5684	8526	11368	14210	17052	19894	22736	25578
2843	5686	8529	11372	14215	17058	19901	22744	25587
2844	5688	8532	11376	14220	17064	19908	22752	25596
2845	5690	8535	11380	14225	17070	19915	22760	25605
2846	5692	8538	11384	14230	17076	19922	22768	25614
2847	5694	8541	11388	14235	17082	19929	22776	25623
2848	5696	8544	11392	14240	17088	19936	22784	25632
2849	5698	8547	11396	14245	17094	19943	22792	25641
2851	5702	8553	11404	14255	17106	19957	22808	25659
2852	5704	8556	11408	14260	17112	19964	22816	25668
2853	5706	8559	11412	14265	17118	19971	22824	25677
2854	5708	8562	11416	14270	17124	19978	22832	25686
2855	5710	8565	11420	14275	17130	19985	22840	25695
2856	5712	8568	11424	14280	17136	19992	22848	25704
2857	5714	8571	11428	14285	17142	19999	22856	25713
2858	5716	8574	11432	14290	17148	20006	22864	25722
2859	5718	8577	11436	14295	17154	20013	22872	25731
2861	5722	8583	11444	14305	17166	20027	22888	25749
2862	5724	8586	11448	14310	17172	20034	22896	25758
2863	5726	8589	11452	14315	17178	20041	22904	25767
2864	5728	8592	11456	14320	17184	20048	22912	25776
2865	5730	8595	11460	14325	17190	20055	22920	25785
2866	5732	8598	11464	14330	17196	20062	22928	25794
2867	5734	8601	11468	14335	17202	20069	22936	25803
2868	5736	8604	11472	14340	17208	20076	22944	25812
2869	5738	8607	11476	14345	17214	20083	22952	25821
2871	5742	8613	11484	14355	17226	20097	22968	25839
2872	5744	8616	11488	14360	17232	20104	22976	25848
2873	5746	8619	11492	14365	17238	20111	22984	25857
2874	5748	8622	11496	14370	17244	20118	22992	25866
2875	5750	8625	11500	14375	17250	20125	23000	25875
2876	5752	8628	11504	14380	17256	20132	23008	25884
2877	5754	8631	11508	14385	17262	20139	23016	25893
2878	5756	8634	11512	14390	17268	20146	23024	25902
2879	5758	8637	11516	14395	17274	20153	23032	25911
2881	5762	8643	11524	14405	17286	20167	23048	25929
2882	5764	8646	11528	14410	17292	20174	23056	25938
2883	5766	8649	11532	14415	17298	20181	23064	25947
2884	5768	8652	11536	14420	17304	20188	23072	25956
2885	5770	8655	11540	14425	17310	20195	23080	25965
2886	5772	8658	11544	14430	17316	20202	23088	25974
2887	5774	8661	11548	14435	17322	20209	23096	25983
2888	5776	8664	11552	14440	17328	20216	23104	25992
2889	5778	8667	11556	14445	17334	20223	23112	26001

1	2	3	4	5	6	7	8	9
2946	5892	8838	11784	14730	17676	20622	23568	26514
2947	5894	8841	11788	14735	17682	20629	23576	26523
2948	5986	8844	11792	14740	17688	20636	23584	26532
2949	5898	8847	11796	14745	17694	20643	23592	26541
2951	5902	8853	11804	14755	17706	20657	23608	26559
2952	5904	8856	11808	14760	17712	20664	23616	26568
2953	5906	8859	11812	14765	17718	20671	23624	26577
2954	5908	8862	11816	14770	17724	20678	23632	26586
2955	5910	8865	11820	14775	17730	20685	23640	26595
2956	5912	8868	11824	14780	17736	20692	23648	26604
2957	5914	8871	11828	14785	17742	20699	23656	26613
2958	5916	8874	11832	14790	17748	20706	23664	26622
2959	5918	8877	11836	14795	17754	20713	23672	26631
2961	5922	8883	11844	14805	17766	20727	23688	26649
2962	5924	8886	11848	14810	17772	20734	23696	26658
2963	5926	8889	11852	14815	17778	20741	23704	26667
2964	5928	8892	11856	14820	17784	20748	23712	26676
2965	5930	8895	11860	14825	17790	20755	23720	26685
2966	5932	8898	11864	14830	17796	20762	23728	26694
2967	5934	8901	11868	14835	17802	20769	23736	26703
2968	5936	8904	11872	14840	17808	20776	23744	26712
2969	5938	8907	11876	14845	17814	20783	23752	26721
2971	5942	8913	11884	14855	17826	20797	23768	26739
2972	5944	8916	11888	14860	17832	20804	23776	26748
2973	5946	8919	11892	14865	17838	20811	23784	26757
2974	5948	8922	11896	14870	17844	20818	23792	26766
2975	5950	8925	11900	14875	17850	20825	23800	26775
2976	5952	8928	11904	14880	17856	20832	23808	26784
2977	5954	8931	11908	14885	17862	20839	23816	26793
2978	5956	8934	11912	14890	17868	20846	23824	26802
2979	5958	8937	11916	14895	17874	20853	23832	26811
2981	5962	8943	11924	14905	17886	20867	23848	26829
2982	5964	8946	11928	14910	17892	20874	23856	26838
2983	5966	8949	11932	14915	17898	20881	23864	26847
2984	5968	8952	11936	14920	17904	20888	23872	26856
2985	5970	8955	11940	14925	17910	20895	23880	26865
2986	5972	8958	11944	14930	17916	20902	23888	26874
2987	5974	8961	11948	14935	17922	20909	23896	26883
2988	5976	8964	11952	14940	17928	20916	23904	26892
2989	5978	8967	11956	14945	17934	20923	23912	26901
2991	5982	8973	11964	14955	17946	20937	23928	26919
2992	5984	8976	11968	14960	17952	20944	23936	26928
2993	5986	8979	11972	14965	17958	20951	23944	26937
2994	5988	8982	11976	14970	17964	20958	23952	26946
2995	5990	8985	11980	14975	17970	20965	23960	26955
2996	5992	8988	11984	14980	17976	20972	23968	26964
2997	5994	8991	11988	14985	17982	20979	23976	26973
2998	5996	8994	11992	14990	17988	20986	23984	26982
2999	5998	8997	11996	14995	17994	20993	23992	26991
3001	6002	9003	12004	15005	18006	21007	24008	27009

1	2	3	4	5	6	7	8	9
3002	6004	9006	12008	15010	18012	21014	24016	27018
3003	6006	9009	12012	15015	18018	21021	24024	27027
3004	6008	9012	12016	15020	18024	21028	24032	27036
3005	6010	9015	12020	15025	18030	21035	24040	27045
3006	6012	9018	12024	15030	18036	21042	24048	27054
3007	6014	9021	12028	15035	18042	21049	24056	27063
3008	6016	9024	12032	15040	18048	21056	24064	27072
3009	6018	9027	12036	15045	18054	21063	24072	27081
3011	6022	9033	12044	15055	18066	21077	24088	27099
3012	6024	9036	12048	15060	18072	21084	24096	27108
3013	6026	9039	12052	15065	18078	21091	24104	27117
3014	6028	9042	12056	15070	18084	21098	24112	27126
3015	6030	9045	12060	15075	18090	21105	24120	27135
3016	6032	9048	12064	15080	18096	21112	24128	27144
3017	6034	9051	12068	15085	18102	21119	24136	27153
3018	6036	9054	12072	15090	18108	21126	24144	27162
3019	6038	9057	12076	15095	18114	21133	24152	27171
3021	6042	9063	12084	15105	18126	21147	24168	27189
3022	6044	9066	12088	15110	18132	21154	24176	27198
3023	6046	9069	12092	15115	18138	21161	24184	27207
3024	6048	9072	12096	15120	18144	21168	24192	27216
3025	6050	9075	12100	15125	18150	21175	24200	27225
3026	6052	9078	12104	15130	18156	21182	24208	27234
3027	6054	9081	12108	15135	18162	21189	24216	27243
3028	6056	9084	12112	15140	18168	21196	24224	27252
3029	6058	9087	12116	15145	18174	21203	24232	27261
3031	6062	9093	12124	15155	18186	21217	24248	27279
3032	6064	9096	12128	15160	18192	21224	24256	27288
3033	6066	9099	12132	15165	18198	21231	24264	27297
3034	6068	9102	12136	15170	18204	21238	24272	27306
3035	6070	9105	12140	15175	18210	21245	24280	27315
3036	6072	9108	12144	15180	18216	21252	24288	27324
3037	6074	9111	12148	15185	18222	21259	24296	27333
3038	6076	9114	12152	15190	18228	21266	24304	27342
3039	6078	9117	12156	15195	18234	21273	24312	27351
3041	6082	9123	12164	15205	18246	21287	24328	27369
3042	6084	9126	12168	15210	18252	21294	24336	27378
3043	6086	9129	12172	15215	18258	21301	24344	27387
3044	6088	9132	12176	15220	18264	21308	24352	27396
3045	6090	9135	12180	15225	18270	21315	24360	27405
3046	6092	9138	12184	15230	18276	21322	24368	27414
3047	6094	9141	12188	15235	18282	21329	24376	27423
3048	6096	9144	12192	15240	18288	21336	24384	27432
3049	6098	9147	12196	15245	18294	21343	24392	27441
3051	6102	9153	12204	15255	18306	21357	24408	27459
3052	6104	9156	12208	15260	18312	21364	24416	27468
3053	6106	9159	12212	15265	18318	21371	24424	27477
3054	6108	9162	12216	15270	18324	21378	24432	27486
3055	6110	9165	12220	15275	18330	21385	24440	27495
3056	6112	9168	12224	15280	18336	21392	24448	27504

1	2	3	4	5	6	7	8	9
3113	6226	9339	12452	15565	18678	21791	24904	28017
3114	6228	9342	12456	15570	18684	21798	24912	28026
3115	6230	9345	12460	15575	18690	21805	24920	28035
3116	6232	9348	12464	15580	18696	21812	24928	28044
3117	6234	9351	12468	15585	18702	21819	24936	28053
3118	6236	9354	12472	15590	18708	21826	24944	28062
3119	6238	9357	12476	15595	18714	21833	24952	28071
3121	6242	9363	12484	15605	18726	21847	24968	28089
3122	6244	9366	12488	15610	18732	21854	24976	28098
3123	6246	9369	12492	15615	18738	21861	24984	28107
3124	6248	9372	12496	15620	18744	21868	24992	28116
3125	6250	9375	12500	15625	18750	21875	25000	28125
3126	6252	9378	12504	15630	18756	21882	25008	28134
3127	6254	9381	12508	15635	18762	21889	25016	28143
3128	6256	9384	12512	15640	18768	21896	25024	28152
3129	6258	9387	12516	15645	18774	21903	25032	28161
3131	6262	9393	12524	15655	18786	21917	25048	28179
3132	6264	9396	12528	15660	18792	21924	25056	28188
3133	6266	9399	12532	15665	18798	21931	25064	28197
3134	6268	9402	12536	15670	18804	21938	25072	28206
3135	6270	9405	12540	15675	18810	21945	25080	28215
3136	6272	9408	12544	15680	18816	21952	25088	28224
3137	6274	9411	12548	15685	18822	21959	25096	28233
3138	6276	9414	12552	15690	18828	21966	25104	28242
3139	6278	9417	12556	15695	18834	21973	25112	28251
3141	6282	9423	12564	15705	18846	21987	25128	28269
3142	6284	9426	12568	15710	18852	21994	25136	28278
3143	6286	9429	12572	15715	18858	22001	25144	28287
3144	6288	9432	12576	15720	18864	22008	25152	28296
3145	6290	9435	12580	15725	18870	22015	25160	28305
3146	6292	9438	12584	15730	18876	22022	25168	28314
3147	6294	9441	12588	15735	18882	22029	25196	28323
3148	6296	9444	12592	15740	18888	22036	25184	28332
3149	6298	9447	12596	15745	18894	22043	25192	28341
3151	6302	9453	12604	15755	18906	22057	25208	28359
3152	6304	9456	12608	15760	18912	22064	25216	28368
3153	6306	9459	12612	15765	18918	22071	25224	28377
3154	6308	9462	12616	15770	18924	22078	25232	28386
3155	6310	9465	12620	15775	18930	22085	25240	28395
3156	6312	9468	12624	15780	18936	22092	25248	28404
3157	6314	9471	12628	15785	18942	22099	25256	28413
3158	6316	9474	12632	15790	18948	22106	25264	28422
3159	6318	9477	12636	15795	18954	22113	25272	28431
3161	6322	9483	12644	15805	18966	22127	25288	28449
3162	6324	9486	12648	15810	18972	22134	25296	28458
3163	6326	9489	12652	15815	18978	22141	25304	28467
3164	6328	9492	12656	15820	18984	22148	25312	28476
3165	6330	9495	12660	15825	18990	22155	25320	28485
3166	6332	9498	12664	15830	18996	22162	25328	28494
3167	6334	9501	12668	15835	19002	22169	25336	28503

1	2	3	4	5	6	7	8	9
3168	6336	9504	12672	15840	19008	22176	25344	28512
3169	6338	9507	12676	15845	19014	22183	25352	28521
3171	6342	9513	12684	15855	19026	22197	25368	28539
3172	6344	9516	12688	15860	19032	22204	25376	28548
3173	6346	9519	12692	15865	19038	22211	25384	28557
3174	6348	9522	12696	15870	19044	22218	25392	28566
3175	6350	9525	12700	15875	19050	22225	25400	28575
3176	6352	9528	12704	15880	19056	22232	25408	28584
3177	6354	9531	12708	15885	19062	22239	25416	28593
3178	6356	9534	12712	15890	19068	22246	25424	28602
3179	6358	9537	12716	15895	19074	22253	25432	28611
3181	6362	9543	12724	15905	19086	22267	25448	28629
3182	6364	9546	12728	15910	19092	22274	25456	28638
3183	6366	9549	12732	15915	19098	22281	25464	28647
3184	6368	9552	12736	15920	19104	22288	25472	28656
3185	6370	9555	12740	15925	19110	22295	25480	28665
3186	6372	9558	12744	15930	19116	22302	25488	28674
3187	6374	9561	12748	15935	19122	22309	25496	28683
3188	6376	9564	12752	15940	19128	22316	25504	28692
3189	6378	9567	12756	15945	19134	22323	25512	28701
3191	6382	9573	12764	15955	19146	22337	25528	28719
3192	6384	9576	12768	15960	19152	22344	25536	28728
3193	6386	9579	12772	15965	19158	22351	25544	28737
3194	6388	9582	12776	15970	19164	22358	25552	28746
3195	6390	9585	12780	15975	19170	22365	25560	28755
3196	6392	9588	12784	15980	19176	22372	25568	28764
3197	6394	9591	12788	15985	19182	22379	25576	28773
3198	6396	9594	12792	15990	19188	22386	25584	28782
3199	6398	9597	12796	15995	19194	22393	25592	28791
3201	6402	9603	12804	16005	19206	22407	25608	28809
3202	6404	9606	12808	16010	19212	22414	25616	28818
3203	6406	9609	12812	16015	19218	22421	25624	28827
3204	6408	9612	12816	16020	19224	22428	25632	28836
3205	6410	9615	12820	16025	19230	22435	25640	28845
3206	6412	9618	12824	16030	19236	22442	25648	28854
3207	6414	9621	12828	16035	19242	22449	25656	28863
3208	6416	9624	12832	16040	19248	22456	25664	28872
3209	6418	9627	12836	16045	19254	22463	25672	28881
3211	6422	9633	12844	16055	19266	22477	25688	28899
3212	6424	9636	12848	16060	19272	22484	25696	28908
3213	6426	9639	12852	16065	19278	22491	25704	28917
3214	6428	9642	12856	16070	19284	22498	25712	28926
3215	6430	9645	12860	16075	19290	22505	25720	28935
3216	6432	9648	12864	16080	19296	22512	25728	28944
3217	6434	9651	12868	16085	19302	22519	25736	28953
3218	6436	9654	12872	16090	19308	22526	25744	28962
3219	6438	9657	12876	16095	19314	22533	25752	28971
3221	6442	9663	12884	16105	19326	22547	25768	28989
3222	6444	9666	12888	16110	19332	22554	25776	28998
3223	6446	9669	12892	16115	19338	22561	25784	29007

1	2	3	4	5	6	7	8	9
3224	6448	9672	12896	16120	19344	22568	25792	29016
3225	6450	9675	12900	16125	19350	22575	25800	29025
3226	6452	9678	12904	16130	19356	22582	25808	29034
3227	6454	9681	12908	16135	19362	22589	25816	29043
3228	6456	9684	12912	16140	19368	22596	25824	29052
3229	6458	9687	12916	16145	19374	22603	25832	29061
3231	6462	9693	12924	16155	19386	22617	25848	29079
3232	6464	9696	12928	16160	19392	22624	25856	29088
3233	6466	9699	12932	16165	19398	22631	25864	29097
3234	6468	9702	12936	16170	19404	22638	25872	29106
3235	6470	9705	12940	16175	19410	22645	25880	29115
3236	6472	9708	12944	16180	19416	22652	25888	29124
3237	6474	9711	12948	16185	19422	22659	25896	29133
3238	6476	9714	12952	16190	19428	22666	25904	29142
3239	6478	9717	12956	16195	19434	22673	25912	29151
3241	6482	9723	12964	16205	19446	22687	25928	29169
3242	6484	9726	12968	16210	19452	22694	25936	29178
3243	6486	9729	12972	16215	19458	22701	25944	29187
3244	6488	9732	12976	16220	19464	22708	25952	29196
3245	6490	9735	12980	16225	19470	22715	25960	29205
3246	6492	9738	12984	16230	19476	22722	25968	29214
3247	6494	9741	12988	16235	19482	22729	25976	29223
3248	6496	9744	12992	16240	19488	22736	25984	29232
3249	6498	9747	12996	16245	19494	22743	25992	29241
3251	6502	9753	13004	16255	19506	22757	26008	29259
3252	6504	9756	13008	16260	19512	22764	26016	29268
3253	6506	9759	13012	16265	19518	22771	26024	29277
3254	6508	9762	13016	16270	19524	22778	26032	29286
3255	6510	9765	13020	16275	19530	22785	26040	29295
3256	6512	9768	13024	16280	19536	22792	26048	29304
3257	6514	9771	13028	16285	19542	22799	26056	29313
3258	6516	9774	13032	16290	19548	22806	26064	29322
3259	6518	9777	13036	16295	19554	22813	26072	29331
3261	6522	9783	13044	16305	19566	22827	26088	29349
3262	6524	9786	13048	16310	19572	22834	26096	29358
3263	6526	9789	13052	16315	19578	22841	26104	29367
3264	6528	9792	13056	16320	19584	22848	26112	29376
3265	6530	9795	13060	16325	19590	22855	26120	29385
3266	6532	9798	13064	16330	19596	22862	26128	29394
3267	6534	9801	13068	16335	19602	22869	26136	29403
3268	6536	9804	13072	16340	19608	22876	26144	29412
3269	6538	9807	13076	16345	19614	22883	26152	29421
3271	6542	9813	13084	16355	19626	22897	26168	29439
3272	6544	9816	13088	16360	19632	22904	26176	29448
3273	6546	9819	13092	16365	19638	22911	26184	29457
3274	6548	9822	13096	16370	19644	22918	26192	29466
3275	6550	9825	13100	16375	19650	22925	26200	29475
3276	6552	9828	13104	16380	19656	22932	26208	29484
3277	6554	9831	13108	16385	19662	22939	26216	29493
3278	6556	9834	13112	16390	19668	22946	26224	29502

1	2	3	4	5	6	7	8	9
3279	6558	9837	13116	16395	19674	22953	26232	29511
3281	6562	9843	13124	16405	19686	22967	26248	29529
3282	6564	9846	13128	16410	19692	22974	26256	29538
3283	6566	9849	13132	16415	19698	22981	26264	29547
3284	6568	9852	13136	16420	19704	22988	26272	29556
3285	6570	9855	13140	16425	19710	22995	26280	29565
3286	6572	9858	13144	16430	19716	23002	26288	29574
3287	6574	9861	13148	16435	19722	23009	26296	29583
3288	6570	9864	13152	16440	19728	23016	26304	29592
3289	6578	9867	13156	16445	19734	23023	26312	29601
3291	6582	9873	13164	16455	19746	23037	26328	29619
3292	6584	9876	13168	16460	19752	23044	26336	29628
3293	6586	9879	13172	16465	19758	23051	26344	29637
3294	6588	9882	13176	16470	19764	23058	26352	29646
3295	6590	9885	13180	16475	19770	23065	26360	29655
3296	6582	9888	13184	16480	19776	23072	26368	29664
3297	6594	9891	13188	16485	19782	23079	26376	29673
3298	6596	9894	13192	16490	19788	23086	26384	29682
3299	6598	9897	13196	16495	19794	23093	26392	29691
3301	6602	9903	13204	16505	19806	23107	26408	29709
3302	6604	9906	13208	16510	19812	23114	26416	29718
3303	6606	9909	13212	16515	19818	23121	26424	29727
3304	6608	9912	13216	16520	19824	23128	26432	29736
3305	6610	9915	13220	16525	19830	23135	26440	29745
3306	6612	9918	13224	16530	19836	23142	26448	29754
3307	6614	9921	13228	16535	19842	23149	26456	29763
3308	6616	9924	13232	16540	19848	23156	26464	29772
3309	6618	9927	13236	16545	19854	23163	26472	29781
3311	6622	9933	13244	16555	19866	23177	26488	29799
3312	6624	9936	13248	16560	19872	23184	26496	29808
3313	6626	9939	13252	16565	19878	23191	26504	29817
3314	6628	9942	13256	16570	19884	23198	26512	29826
3315	6630	9945	13260	16575	19890	23205	26520	29835
3316	6632	9948	13264	16580	19896	23212	26528	29844
3317	6634	9951	13268	16585	19902	23219	26536	29853
3318	6636	9954	13272	16590	19908	23226	26544	29862
3319	6638	9957	13276	16595	19914	23233	26552	29871
3321	6642	9963	13284	16605	19926	23247	26568	29889
3322	6644	9966	13288	16610	19932	23254	26576	29898
3323	6646	9969	13292	16615	19938	23261	26584	29907
3324	6648	9972	13296	16620	19944	23268	26592	29916
3325	6650	9975	13300	16625	19950	23275	26600	29925
3326	6652	9978	13304	16630	19956	23282	26608	29934
3327	6654	9981	13308	16635	19962	23289	26616	29943
3328	6656	9984	13312	16640	19968	23296	26624	29952
3329	6658	9987	13316	16645	19984	23303	26632	29961
3331	6662	9993	13324	16655	19986	23317	26648	29979
3332	6664	9996	13328	16660	19992	23324	26656	29988
3333	6666	9999	13332	16665	19998	23331	26664	29997
3334	6668	10002	13336	16670	20004	23338	26672	30006

1	2	3	4	5	6	7	8	9
3335	6670	10005	13340	16675	20010	23345	26680	30015
3336	6672	10008	13344	16680	20016	23352	26688	30024
3337	6674	10011	13348	16685	20022	23359	26696	30033
3338	6676	10014	13352	16690	20028	23366	26704	30042
3339	6678	10017	13356	16695	20034	23373	26712	30051
3341	6682	10023	13364	16705	20046	23387	26728	30069
3342	6684	10026	13368	16710	20052	23394	26736	30078
3343	6686	10029	13372	16715	20058	23401	26744	30087
3344	6688	10032	13376	16720	20064	23408	26752	30096
3345	6690	10035	13380	16725	20070	23415	26760	30105
3346	6692	10038	13384	16730	20076	23422	26768	30114
3347	6694	10041	13388	16735	20082	23429	26776	30123
3348	6696	10044	13392	16740	20088	23436	26784	30132
3349	6698	10047	13396	16745	20094	23443	26792	30141
3351	6702	10053	13404	16755	20106	23457	26808	30159
3352	6704	10056	13408	16760	20112	23464	26816	30168
3353	6706	10059	13412	16765	20118	23471	26824	30177
3354	6708	10062	13416	16770	20124	23478	26832	30186
3355	6710	10065	13420	16775	20130	23485	26840	30195
3356	6712	10068	13424	16780	20136	23492	26848	30204
3357	6714	10071	13428	16785	20142	23499	26856	30213
3358	6716	10074	13432	16790	20148	23506	26864	30222
3359	6718	10077	13436	16795	20154	23513	26872	30231
3361	6722	10083	13444	16805	20166	23527	26888	30249
3362	6724	10086	13448	16810	20172	23534	26896	30258
3363	6726	10089	13452	16815	20178	23541	26904	30267
3364	6728	10092	13456	16820	20184	23548	26912	30276
3365	6730	10095	13460	16825	20190	23555	26920	30285
3366	6732	10098	13464	16830	20196	23562	26928	30294
3367	6734	10101	13468	16835	20202	23569	26936	30303
3368	6736	10104	13472	16840	20208	23576	26944	30312
3369	6738	10107	13476	16845	20214	23583	26952	30321
3371	6742	10113	13484	16855	20226	23597	26968	30339
3372	6744	10116	13488	16860	20232	23604	26976	30348
3373	6746	10119	13492	16865	20238	23611	26984	30357
3374	6748	10122	13496	16870	20244	23618	26992	30366
3375	6750	10125	13500	16875	20250	23625	27000	30375
3376	6752	10128	13504	16880	20256	23632	27008	30384
3377	6754	10131	13508	16885	20262	23639	27016	30393
3378	6756	10134	13512	16890	20268	23646	27024	30402
3379	6758	10137	13516	16895	20274	23653	27032	30411
3381	6762	10143	13524	16905	20286	23667	27048	30429
3382	6764	10146	13528	16910	20292	23674	27056	30438
3383	6766	10149	13532	16915	20298	23681	27064	30447
3384	6768	10152	13536	16920	20304	23688	27072	30456
3385	6670	10155	13540	16925	20310	23695	27080	30465
3386	6772	10158	13544	16930	20316	23702	27088	30474
3387	6774	10161	13548	16935	20322	23709	27096	30483
3388	6776	10164	13552	16940	20328	23716	27104	30492
3389	6778	10167	13556	16945	20334	23723	27112	30501

1	2	3	4	5	6	7	8	9
3391	6782	10173	13564	16955	20346	23737	27128	30519
3392	6784	10176	13568	16960	20352	23744	27136	30528
3393	6786	10179	13572	16965	20358	23751	27144	30537
3394	6788	10182	13576	16970	20364	23758	27152	30546
3395	6790	10185	13580	16975	29370	23765	27160	30555
3396	6792	10188	13584	16980	20376	23772	27168	30564
3397	6794	10191	13588	16985	20382	23779	27176	30573
3398	6796	10194	13592	16990	20388	23786	27184	30582
3399	6798	10197	13596	16995	20394	23793	27192	30591
3401	6802	10203	13604	17005	20406	23807	27208	30609
3402	6804	10206	13608	17010	20412	23814	27216	30618
3403	6806	10209	13612	17015	20418	23821	27224	30627
3404	6808	10212	13616	17020	20424	23828	27232	30636
3405	6810	10215	13620	17025	20430	23835	27240	30645
3406	6812	10218	13624	17030	20436	23842	27248	30654
3407	6814	10221	13628	17035	20442	23849	27256	30663
3408	6816	10224	13632	17040	20448	23856	27264	30672
3409	6818	10227	13636	17045	20454	23863	27272	30681
3411	6822	10233	13644	17055	20466	23877	27288	30699
3412	6824	10236	13648	17060	20472	23884	27296	30708
3413	6826	10239	13652	17065	20478	23891	27304	30717
3414	6828	10242	13656	17070	20484	23898	27312	30726
3415	6830	10245	13660	17075	20490	23905	27320	30735
3416	6832	10248	13664	17080	20496	23912	27328	30744
3417	6834	10251	13668	17085	20502	23919	27336	30753
3418	6836	10254	13672	17090	20508	23926	27344	30762
3419	6838	10257	13676	17095	20514	23933	27352	30771
3421	6842	10263	13684	17105	20526	23947	27368	30789
3422	6844	10266	13688	17110	20532	23954	27376	30798
3423	6846	10269	13692	17115	20538	23961	27384	30807
3424	6848	10272	13696	17120	20544	23968	27392	30816
3425	6850	10275	13700	17125	20550	23975	27400	30825
3426	6852	10278	13704	17130	20556	23982	27408	30834
3427	6854	10281	13708	17135	20562	23989	27416	30843
3428	6856	10284	13712	17140	20568	23996	27424	30852
3429	6858	10287	13716	17145	20574	24003	27432	30861
3431	6862	10293	13724	17155	20586	24017	27448	30879
3432	6864	10296	13728	17160	20592	24024	27456	30888
3433	6866	10299	13732	17165	20598	24031	27464	30897
3434	6868	10302	13736	17170	20604	24038	27472	30906
3435	6870	10305	13740	17175	20610	24045	27480	30915
3436	6872	10308	13744	17180	20616	24052	27488	30924
3437	6874	10311	13748	17185	20622	24059	27496	30933
3438	6876	10314	13752	17190	20628	24066	27504	30942
3439	6878	10317	13756	17195	20634	24073	27512	30951
3441	6882	10323	13764	17205	20646	24087	27528	30969
3442	6884	10326	13768	17210	20652	24094	27536	30978
3443	6886	10329	13772	17215	20658	24101	27544	30987
3444	6888	10332	13776	17220	20664	24108	27552	30996
3445	6890	10335	13780	17225	20670	24115	27560	31005

1	2	3	4	5	6	7	8	9
3446	6892	10338	13784	17230	20676	24122	27568	31014
3447	6894	10341	13788	17235	20682	24129	27576	31023
3448	6896	10344	13792	17240	20688	24136	27584	31032
3449	6898	10347	13796	17245	20694	24143	27592	31041
3451	6902	10353	13804	17255	20706	24157	27608	31059
3452	6904	10356	13808	17260	20712	24164	27616	31068
3453	6906	10359	13812	17265	20718	24171	27624	31077
3454	6908	10362	13816	17270	20724	24178	27632	31086
3455	6910	10365	13820	17275	20730	24185	27640	31095
3456	6912	10368	13824	17280	20736	24192	27648	31104
3457	6914	10371	13828	17285	20742	24199	27656	31113
3458	6916	10374	13832	17290	20748	24206	27664	31122
3459	6918	10377	13836	17295	20754	24213	27672	31131
3461	6922	10383	13844	17305	20766	24227	27688	31149
3462	6924	10386	13848	17310	20772	24234	27696	31158
3463	6926	10389	13852	17315	20778	24241	27704	31167
3464	6928	10392	13856	17320	20784	24248	27712	31176
3465	6930	10395	13860	17325	20790	24255	27720	31185
3466	6932	10398	13894	17330	20796	24262	27728	31194
3467	6934	10401	13868	17335	20802	24269	27736	31203
3468	6936	10404	13872	17340	20808	24276	27744	31212
3469	6938	10407	13876	17345	20814	24283	27752	31221
3471	6942	10413	13884	17355	20826	24297	27768	31239
3472	6944	10416	13888	17360	20832	24304	27776	31248
3473	6946	10419	13892	17365	20838	24311	27784	31257
3474	6948	10422	13896	17370	20844	24318	27792	31266
3475	6950	10425	13900	17375	20850	24325	27800	31275
3476	6952	10428	13904	17380	20856	24332	27808	31284
3477	6954	10431	13908	17385	20862	24339	27816	31293
3478	6956	10434	13912	17390	20868	24346	27824	31302
3479	6958	10437	13916	17395	20874	24353	27832	31311
3481	6962	10443	13924	17405	20886	24367	27848	31329
3482	6964	10446	13928	17410	20892	24374	27856	31338
3483	6966	10449	13932	17415	20898	24381	27864	31347
3484	6968	10452	13936	17420	20904	24388	27872	31356
3485	6970	10455	13940	17425	20910	24395	27880	31365
3486	6972	10458	13944	17430	20916	24402	27888	31374
3487	6974	10461	13948	17435	20922	24409	27896	31383
3488	6976	10464	13952	17440	20928	24416	27904	31392
3489	6978	10467	13956	17445	20934	24423	27912	31401
3491	6982	10473	13964	17455	20946	24437	27928	31419
3492	6984	10476	13968	17460	20952	24444	27936	31428
3493	6986	10479	13972	17465	20958	24451	27944	31437
3494	6988	10482	13976	17470	20964	24458	27952	31446
3495	6990	10485	13980	17475	20970	24465	27960	31455
3496	6992	10488	13984	17480	20976	24472	27968	31464
3497	6994	10491	13988	17485	20982	24479	27976	31473
3498	6996	10494	13992	17490	20988	24486	27984	31482
3499	6998	10497	13996	17495	20994	24493	27992	31491
3501	7002	10503	14004	17505	21006	24507	28008	31509

1	2	3	4	5	6	7	8	9
3502	7004	10506	14008	17510	21012	24514	29016	31518
3503	7006	10509	14012	17515	21018	24521	28024	31527
3504	7008	10512	14016	17520	21024	24528	28032	31536
3505	7010	10515	14020	17525	21030	24535	28040	31545
3506	7012	10518	14024	17530	21036	24542	28048	31554
3507	7014	10521	14028	17535	21042	24549	28056	31563
3508	7016	10524	14032	17540	21048	24556	28064	31572
3509	7018	10527	14036	17545	21054	24563	28072	31581
3511	7022	10533	14044	17555	21066	24577	28088	31599
3512	7024	10536	14048	17560	21072	24584	28096	31608
3513	7026	10539	14052	17565	21078	24591	28104	31617
3514	7028	10542	14056	17570	21084	24598	28112	31626
3515	7030	10545	14060	17575	21090	24605	28120	31635
3516	7032	10548	14064	17580	21096	24612	28128	31644
3517	7034	10551	14068	17585	21102	24619	28136	31653
3518	7036	10554	14072	17590	21108	24626	28144	31662
3519	7038	10557	14076	17595	21114	24633	28152	31671
3521	7042	10563	14084	17605	21126	24647	28168	31689
3522	7044	10566	14088	17610	21132	24654	28176	31698
3523	7046	10569	14092	17615	21138	24661	28184	31707
3524	7048	10572	14096	17620	21144	24668	28192	31716
3525	7050	10575	14100	17625	21150	24675	28200	31725
3526	7052	10578	14104	17630	21156	24682	28208	31734
3527	7054	10581	14108	17635	21162	24689	28216	31743
3528	7056	10584	14112	17640	21168	24696	28224	31752
3529	7058	10587	14116	17645	21174	24703	28232	31761
3531	7062	10593	14124	17655	21186	24717	28248	31779
3532	7064	10596	14128	17660	21192	24724	28256	31788
3533	7066	10599	14132	17665	21198	24731	28264	31797
3534	7068	10602	14136	17670	21204	24738	28272	31806
3535	7070	10605	14140	17675	21210	24745	28280	31815
3536	7072	10608	14144	17680	21216	24752	28288	31824
3537	7074	10611	14148	17685	21222	24759	28296	31833
3538	7076	10614	14152	17690	21228	24766	28304	31842
3539	7078	10617	14156	17695	21234	24773	28312	31851
3541	7082	10623	14164	17705	21246	24787	28328	31869
3542	7084	10626	14168	17710	21252	24794	28336	31878
3543	7086	10629	14172	17715	21258	24801	28344	31887
3544	7088	10632	14176	17720	21264	24808	28352	31896
3545	7090	10635	14180	17725	21270	24815	28360	31905
3546	7092	10638	14184	17730	21276	24822	28368	31914
3547	7094	10641	14188	17735	21282	24829	28376	31923
3548	7096	10644	14192	17740	21288	24836	28384	31932
3549	7098	10647	14196	17745	21294	24843	28392	31941
3551	7102	10653	14204	17755	21306	24857	28408	31959
3552	7104	10656	14208	17760	21312	24864	28416	31968
3553	7106	10659	14212	17765	21318	24871	28424	31977
3554	7108	10662	14216	17770	21324	24878	28432	31986
3555	7110	10665	14220	17775	21330	24885	28440	31995
3556	7112	10668	14224	17780	21336	24892	28448	32004

1	2	3	4	5	6	7	8	9
3557	7114	10671	14228	17785	21342	24899	28456	32013
3558	7116	10674	14232	17790	21348	24906	28464	32022
3559	7118	10677	14236	17795	21354	24913	28472	32031
3561	7122	10683	14244	17805	21366	24927	28488	32049
3562	7124	10686	14248	17810	21372	24934	28496	32058
3563	7126	10689	14252	17815	21378	24941	28504	32067
3564	7128	10692	14256	17820	21384	24948	28512	32076
3565	7130	10695	14260	17825	21390	24955	28520	32085
3566	7132	10698	14264	17830	21396	24962	28528	32094
3567	7134	10701	14268	17835	21402	24969	28536	32103
3568	7136	10704	14272	17840	21408	24976	28544	32112
3569	7138	10707	14276	17845	21414	24983	28552	32121
3571	7142	10713	14284	17855	21426	24997	28568	32139
3572	7144	10716	14288	17860	21432	25004	28576	32148
3573	7146	10719	14292	17865	21438	25011	28584	32157
3574	7148	10722	14296	17870	21444	25018	28592	32166
3575	7150	10725	14300	17875	21450	25025	28600	32175
3576	7152	10728	14304	17880	21456	25032	28608	32184
3577	7154	10731	14308	17885	21462	25039	28616	32193
3578	7156	10734	14312	17890	21468	25046	28624	32202
3579	7158	10737	14316	17895	21474	25053	28632	32211
3581	7162	10743	14324	17905	21486	25067	28648	32229
3582	7164	10746	14328	17910	21492	25074	28656	32238
3583	7166	10749	14332	17915	21498	25081	28664	32247
3584	7168	10752	14336	17920	21504	25088	28672	32256
3585	7170	10755	14340	17925	21510	25095	28680	32265
3586	7172	10758	14344	17930	21516	25102	28688	32274
3587	7174	10761	14348	17935	21522	25109	28696	32283
3588	7176	10764	14352	17940	21528	25116	28704	32292
3589	7178	10767	14356	17945	21534	25123	28712	32301
3591	7182	10773	14364	17955	21546	25137	28728	32319
3592	7184	10776	14368	17960	21552	25144	28736	32328
3593	7186	10779	14372	17965	21558	25151	28744	32337
3594	7188	10782	14376	17970	21564	25158	28752	32346
3595	7190	10785	14380	17975	21570	25165	28760	32355
3596	7192	10788	14384	17980	21576	25172	28768	32364
3597	7194	10791	14388	17985	21582	25179	28776	32373
3598	7196	10794	14392	17990	21588	25186	28784	32382
3599	7198	10797	14396	17995	21594	25193	28792	32391
3601	7202	10803	14404	18005	21606	25207	28808	32409
3602	7204	10806	14408	18010	21612	25214	28816	32418
3603	7206	10809	14412	18015	21618	25221	28824	32427
3604	7208	10812	14416	18020	21624	25228	28832	32436
3605	7210	10815	14420	18025	21630	25235	28840	32445
3606	7212	10818	14424	18030	21636	25242	28848	32454
3607	7214	10821	14428	18035	21642	25249	28856	32463
3608	7216	10824	14432	18040	21648	25256	28864	32472
3609	7218	10827	14436	18045	21654	25263	28872	32481
3611	7222	10833	14444	18055	21666	25277	28888	32499
3612	7224	10836	14448	18060	21672	25284	28896	32508

1	2	3	4	5	6	7	8	9
3613	7226	10839	14452	18065	21678	25291	28904	32517
3614	7228	10842	14456	18070	21684	25298	28912	32526
3615	7230	10845	14460	18075	21690	25305	28920	32535
3616	7232	10848	14464	18080	21696	25312	28928	32544
3617	7234	10851	14468	18085	21702	25319	28936	32553
3618	7236	10854	14472	18090	21708	25326	28944	32562
3619	7238	10857	14476	18095	21714	25333	28952	32571
3621	7242	10863	14484	18105	21726	25347	28968	32589
3622	7244	10866	14488	18110	21732	25354	28976	32598
3623	7246	10869	14492	18115	21738	25361	28984	32607
3624	7248	10872	14496	18120	21744	25368	28992	32616
3625	7250	10875	14500	18125	21750	25375	29000	32625
3626	7252	10878	14504	18130	21756	25382	29008	32634
3627	7254	10881	14508	18135	21762	25389	29016	32643
3628	7256	10884	14512	18140	21768	25396	29024	32652
3629	7258	10887	14516	18145	21774	25403	29032	32661
3631	7262	10893	14524	18155	21786	25417	29048	32679
3632	7264	10896	14528	18160	21792	25424	29056	32688
3633	7266	10899	14532	18165	21798	25431	29064	32697
3634	7268	10902	14536	18170	21804	25438	29072	32706
3635	7270	10905	14540	18175	21810	25445	29080	32715
3636	7272	10908	14544	18180	21816	25452	29088	32724
3637	7274	10911	14548	18185	21822	25459	29096	32733
3638	7276	10914	14552	18190	21828	25466	29104	32742
3639	7278	10917	14556	18195	21834	25473	29112	32751
3641	7282	10923	14564	18205	21846	25487	29128	32769
3642	7284	10926	14568	18210	21852	25494	29136	32778
3643	7286	10929	14572	18215	21858	25501	29144	32787
3644	7288	10932	14576	18220	21864	25508	29152	32796
3645	7290	10935	14580	18225	21870	25515	29160	32805
3646	7292	10938	14584	18230	21876	25522	29168	32814
3647	7294	10941	14588	18235	21882	25529	29176	32823
3648	7296	10944	14592	18240	21888	25536	29184	32832
3649	7298	10947	14596	18245	21894	25543	29192	32841
3651	7302	10953	14604	18255	21906	25557	29208	32859
3652	7304	10956	14608	18260	21912	25564	29216	32868
3653	7306	10959	14612	18265	21918	25571	29224	32877
3654	7308	10962	14616	18270	21924	25578	29232	32886
3655	7310	10965	14620	18275	21930	25585	29240	32895
3656	7312	10968	14624	18280	21936	25592	29248	32904
3657	7314	10971	14628	18285	21942	25599	29256	32913
3658	7316	10974	14632	18290	21948	25606	29264	42922
3659	7318	10977	14636	18295	21954	25613	29272	32931
3661	7322	10983	14644	18305	21966	25627	29288	32949
3662	7324	10986	14648	18310	21972	25634	29296	32958
3663	7326	10989	14652	18315	21978	25641	29304	32967
3664	7328	10992	14656	18320	21984	25648	29312	32976
3665	7330	10995	14660	18325	21990	25655	29320	32985
3666	7332	10998	14664	18330	21996	25662	29328	32994
3667	7334	11001	14668	18335	22002	25669	29336	33003

1	2	3	4	5	6	7	8	9
3668	7336	11004	14672	18340	22008	25676	29344	33012
3669	7338	11007	14676	18345	22014	25683	29352	33021
3671	7342	11013	14684	18355	22026	25697	29368	33039
3672	7344	11016	14688	18360	22032	25704	29376	33048
3673	7346	11019	14692	18365	22038	25711	29384	33057
3674	7348	11022	14696	18370	22044	25718	29392	33066
3675	7350	11025	14700	18375	22050	25725	29400	33075
3676	7352	11028	14704	18380	22056	25732	29408	33084
3677	7354	11031	14708	18385	22062	25739	29416	33093
3678	7356	11034	14712	18390	22068	25746	29424	33102
3679	7358	11037	14716	18395	22074	25753	29432	33111
3681	7362	11043	14724	18405	22086	25767	29448	33129
3682	7364	11046	14728	18410	22092	25774	29456	33138
3683	7366	11049	14732	18415	22098	25781	29464	33147
3684	7368	11052	14736	18420	22104	25788	29472	33156
3685	7370	11055	14740	18425	22110	25795	29480	33165
3686	7372	11058	14744	18430	22116	25802	29488	33174
3687	7374	11061	14748	18435	22122	25809	29496	33183
3688	7376	11064	14752	18440	22128	25816	29504	33192
3689	7378	11067	14756	18445	22134	25823	29512	33201
3691	7382	11073	14764	18455	22146	25837	29528	33219
3692	7384	11076	14768	18460	22152	25844	29536	33228
3693	7386	11079	14772	18465	22158	25851	29544	33237
3694	7388	11082	14776	18470	22164	25858	29552	33246
3695	7390	11085	14780	18475	22170	25865	29560	33255
3696	7392	11088	14784	18480	22176	25872	29568	33264
3697	7394	11091	14788	18485	22182	25879	29576	33273
3698	7396	11094	14792	18490	22188	25886	29584	33282
3699	7398	11097	14796	18495	22194	25893	29592	33291
3701	7402	11103	14804	18505	22206	25907	29608	33309
3702	7404	11106	14808	18510	22212	25914	29616	33318
3703	7406	11109	14812	18515	22218	25921	29624	33327
3704	7408	11112	14816	18520	22224	25928	29632	33336
3705	7410	11115	14820	18525	22230	25935	29640	33345
3706	7412	11118	14824	18530	22236	25942	29648	33354
3707	7414	11121	14828	18535	22242	25949	29656	33363
3708	7416	11124	14832	18540	22248	25956	29664	33372
3709	7418	11127	14836	18545	22254	25963	29672	33381
3711	7422	11133	14844	18555	22266	25977	29688	33399
3712	7424	11136	14848	18560	22272	25984	29696	33408
3713	7426	11139	14852	18565	22278	25991	29704	33417
3714	7428	11142	14856	18570	22284	25998	29712	33426
3715	7430	11145	14860	18575	22290	26005	29720	33435
3716	7432	11148	14864	18580	22296	26012	29728	33444
3717	7434	11151	14868	18585	22302	26019	29736	33453
3718	7436	11154	14872	18590	22308	26026	29744	33462
3719	7438	11157	14876	18595	22314	26033	29752	33471
3721	7442	11163	14884	18605	22326	26047	29768	33489
3722	7444	11166	14888	18610	22332	26054	29776	33498
3723	7446	11169	14892	18615	22338	26061	29784	33507

1	2	3	4	5	6	7	8	9
3724	7448	11172	14896	18620	22344	26068	29792	33516
3725	7450	11175	14900	18625	22350	26075	29800	33525
3726	7452	11178	14904	18630	22356	26082	29808	33534
3727	7454	11181	14908	18635	22362	26089	29816	33543
3728	7456	11184	14912	18640	22368	26096	29824	33552
3729	7458	11187	14916	18645	22374	26103	29832	33561
3731	7462	11193	14924	18655	22386	26117	29848	33579
3732	7464	11196	14928	18660	22392	26124	29856	33588
3733	7466	11199	14932	18665	22398	26131	29864	33597
3734	7468	11202	14936	18670	22404	26138	29872	33606
3735	7470	11205	14940	18675	22410	26145	29880	33615
3736	7472	11208	14944	18680	22416	26152	29888	33624
3737	7474	11211	14948	18685	22422	26159	29896	33633
3738	7476	11214	14952	18690	22428	26166	29904	33642
3739	7478	11217	14956	18695	22434	26173	29912	33651
3741	7482	11223	14964	18705	22446	26187	29928	33669
3742	7484	11226	14968	18710	22452	26194	29936	33678
3743	7486	11229	14972	18715	22458	26201	29944	33687
3744	7488	11232	14976	18720	22464	26208	29952	33696
3745	7490	11235	14980	18725	22470	26215	29960	33705
3746	7492	11238	14984	18730	22476	26222	29968	33714
3747	7494	11241	14988	18735	22482	26229	29976	33723
3748	7496	11244	14992	18740	22488	26236	29984	33732
3749	7498	11247	14996	18745	22494	26243	29992	33741
3751	7502	11253	15004	18755	22506	26257	30008	33759
3752	7504	11256	15008	18760	22512	26264	30016	33768
3753	7506	11259	15012	18765	22518	26271	30024	33777
3754	7508	11262	15016	18770	22524	26278	30032	33786
3755	7510	11265	15020	18775	22530	26285	30040	33795
3756	7512	11268	15024	18780	22536	26292	30048	33804
3757	7514	11271	15028	18785	22542	26299	30056	33813
3758	7516	11274	15032	18790	22548	26306	30064	33822
3759	7518	11277	15036	18795	22554	26313	30072	33831
3761	7522	11283	15044	18805	22566	26327	30088	33849
3762	7524	11286	15048	18810	22572	26334	30096	33858
3763	7526	11289	15052	18815	22578	26341	30104	33867
3764	7528	11292	15056	18820	22584	26348	30112	33876
3765	7530	11295	15060	18825	22590	26355	30120	33885
3766	7532	11298	15064	18830	22596	26362	30128	33894
3767	7534	11301	15068	18835	22602	26369	30136	33903
3768	7536	11304	15072	18840	22608	26376	30144	33912
3769	7538	11307	15076	18845	22614	26383	30152	33921
3771	7542	11313	15084	18855	22626	26397	30168	33939
3772	7544	11316	15088	18860	22632	26404	30176	33948
3773	7546	11319	15092	18865	22638	26411	30184	33957
3774	7548	11322	15096	18870	22644	26418	30192	33966
3775	7550	11325	15100	18875	22650	26425	30200	33975
3776	7552	11328	15104	18880	22656	26432	30208	33984
3777	7554	11331	15108	18885	22662	26439	30216	33993
3778	7556	11334	15112	18890	22668	26446	30224	34002

1	2	3	4	5	6	7	8	9
3613	7226	10839	14452	18065	21678	25291	28904	32517
3614	7228	10842	14456	18070	21684	25298	28912	32526
3615	7230	10845	14460	18075	21690	25305	28920	32535
3616	7232	10848	14464	18080	21696	25312	28928	32544
3617	7234	10851	14468	18085	21702	25319	28936	32553
3618	7236	10854	14472	18090	21708	25326	28944	32562
3619	7238	10857	14476	18095	21714	25333	28952	32571
3621	7242	10863	14484	18105	21726	25347	28968	32589
3622	7244	10866	14488	18110	21732	25354	28976	32598
3623	7246	10869	14492	18115	21738	25361	28984	32607
3624	7248	10872	14496	18120	21744	25368	28992	32616
3625	7250	10875	14500	18125	21750	25375	29000	32625
3626	7252	10878	14504	18130	21756	25382	29008	32634
3627	7254	10881	14508	18135	21762	25389	29016	32643
3628	7256	10884	14512	18140	21768	25396	29024	32652
3629	7258	10887	14516	18145	21774	25403	29032	32661
3631	7262	10893	14524	18155	21786	25417	29048	32679
3632	7264	10896	14528	18160	21792	25424	29056	32688
3633	7266	10899	14532	18165	21798	25431	29064	32697
3634	7268	10902	14536	18170	21804	25438	29072	32706
3635	7270	10905	14540	18175	21810	25445	29080	32715
3636	7272	10908	14544	18180	21816	25452	29088	32724
3637	7274	10911	14548	18185	21822	25459	29096	32733
3638	7276	10914	14552	18190	21828	25466	29104	32742
3639	7278	10917	14556	18195	21834	25473	29112	32751
3641	7282	10923	14564	18205	21846	25487	29128	32769
3642	7284	10926	14568	18210	21852	25494	29136	32778
3643	7286	10929	14572	18215	21858	25501	29144	32787
3644	7288	10932	14576	18220	21864	25508	29152	32796
3645	7290	10935	14580	18225	21870	25515	29160	32805
3646	7292	10938	14584	18230	21876	25522	29168	32814
3647	7294	10941	14588	18235	21882	25529	29176	32823
3648	7296	10944	14592	18240	21888	25536	29184	32832
3649	7298	10947	14596	18245	21894	25543	29192	32841
3651	7302	10953	14604	18255	21906	25557	29208	32859
3652	7304	10956	14608	18260	21912	25564	29216	32868
3653	7306	10959	14612	18265	21918	25571	29224	32877
3654	7308	10962	14616	18270	21924	25578	29232	32886
3655	7310	10965	14620	18275	21930	25585	29240	32895
3656	7312	10968	14624	18280	21936	25592	29248	32904
3657	7314	10971	14628	18285	21942	25599	29256	32913
3658	7316	10974	14632	18290	21948	25606	29264	42922
3659	7318	10977	14636	18295	21954	25613	29272	32931
3661	7322	10983	14644	18305	21966	25627	29288	32949
3662	7324	10986	14648	18310	21972	25634	29296	32958
3663	7326	10989	14652	18315	21978	25641	29304	32967
3664	7328	10992	14656	18320	21984	25648	29312	32976
3665	7330	10995	14660	18325	21990	25655	29320	32985
3666	7332	10998	14664	18330	21996	25662	29328	32994
3667	7334	11001	14668	18335	22002	25669	29336	33003

1	2	3	4	5	6	7	8	9
3668	7336	11004	14672	18340	22008	25676	29344	33012
3669	7338	11007	14676	18345	22014	25683	29352	33021
3671	7342	11013	14684	18355	22026	25697	29368	33039
3672	7344	11016	14688	18360	22032	25704	29376	33048
3673	7346	11019	14692	18365	22038	25711	29384	33057
3674	7348	11022	14696	18370	22044	25718	29392	33066
3675	7350	11025	14700	18375	22050	25725	29400	33075
3676	7352	11028	14704	18380	22056	25732	29408	33084
3677	7354	11031	14708	18385	22062	25739	29416	33093
3678	7356	11034	14712	18390	22068	25746	29424	33102
3679	7358	11037	14716	18395	22074	25753	29432	33111
3681	7362	11043	14724	18405	22086	25767	29448	33129
3682	7364	11046	14728	18410	22092	25774	29456	33138
3683	7366	11049	14732	18415	22098	25781	29464	33147
3684	7368	11052	14736	18420	22104	25788	29472	33156
3685	7370	11055	14740	18425	22110	25795	29480	33165
3686	7372	11058	14744	18430	22116	25802	29488	33174
3687	7374	11061	14748	18435	22122	25809	29496	33183
3688	7376	11064	14752	18440	22128	25816	29504	33192
3689	7378	11067	14756	18445	22134	25823	29512	33201
3691	7382	11073	14764	18455	22146	25837	29528	33219
3692	7384	11076	14768	18460	22152	25844	29536	33228
3693	7386	11079	14772	18465	22158	25851	29544	33237
3694	7388	11082	14776	18470	22164	25858	29552	33246
3695	7390	11085	14780	18475	22170	25865	29560	33255
3696	7392	11088	14784	18480	22176	25872	29568	33264
3697	7394	11091	14788	18485	22182	25879	29576	33273
3698	7396	11094	14792	18490	22188	25886	29584	33282
3699	7398	11097	14796	18495	22194	25893	29592	33291
3701	7402	11103	14804	18505	22206	25907	29608	33309
3702	7404	11106	14808	18510	22212	25914	29616	33318
3703	7406	11109	14812	18515	22218	25921	29624	33327
3704	7408	11112	14816	18520	22224	25928	29632	33336
3705	7410	11115	14820	18525	22230	25935	29640	33345
3706	7412	11118	14824	18530	22236	25942	29648	33354
3707	7414	11121	14828	18535	22242	25949	29656	33363
3708	7416	11124	14832	18540	22248	25956	29664	33372
3709	7418	11127	14836	18545	22254	25963	29672	33381
3711	7422	11133	14844	18555	22266	25977	29688	33399
3712	7424	11136	14848	18560	22272	25984	29696	33408
3713	7426	11139	14852	18565	22278	25991	29704	33417
3714	7428	11142	14856	18570	22284	25998	29712	33426
3715	7430	11145	14860	18575	22290	26005	29720	33435
3716	7432	11148	14864	18580	22296	26012	29728	33444
3717	7434	11151	14868	18585	22302	26019	29736	33453
3718	7436	11154	14872	18590	22308	26026	29744	33462
3719	7438	11157	14876	18595	22314	26033	29752	33471
3721	7442	11163	14884	18605	22326	26047	29768	33489
3722	7444	11166	14888	18610	22332	26054	29776	33498
3723	7446	11169	14892	18615	22338	26061	29784	33507

1	2	3	4	5	6	7	8	9
3779	7558	11337	15116	18895	22674	26453	30232	34011
3781	7562	11343	15124	18905	22686	26467	30248	34029
3782	7564	11346	15128	18910	22692	26474	30256	34038
3783	7566	11349	15132	18915	22698	26481	30264	34047
3784	7568	11352	15136	18920	22704	26488	30272	34056
3785	7570	11355	15140	18925	22710	26495	30280	34065
3786	7572	11358	15144	18930	22716	26502	30288	34074
3787	7574	11361	15148	18935	22722	26509	30296	34083
3788	7576	11364	15152	18940	22728	26516	30304	34092
3789	7578	11367	15156	18945	22734	26523	30312	34101
3791	7582	11373	15164	18955	22746	26537	30328	34119
3792	7584	11376	15168	18960	22752	26544	30336	34128
3793	7586	11379	15172	18965	22758	26551	30344	34137
3794	7588	11382	15176	18970	22764	26558	30352	34146
3795	7590	11385	15180	18975	22770	26565	30360	34155
3796	7592	11388	15184	18980	22776	26572	30368	34164
3797	7594	11391	15188	18985	22782	26579	30376	34173
3798	7596	11394	15192	18990	22788	26586	30384	34182
3799	7598	11397	15196	18995	22794	26593	30392	34191
3801	7602	11403	15204	19005	22806	26607	30408	34209
3802	7604	11406	15208	19010	22812	26614	30416	34218
3803	7606	11409	15212	19015	22818	26621	30424	34227
3804	7608	11412	15216	19020	22824	26628	30432	34236
3805	7610	11415	15220	19025	22830	26635	30440	34245
3806	7612	11418	15224	19030	22836	26642	30448	34254
3807	7614	11421	15228	19035	22842	26649	30456	34263
3808	7616	11424	15232	19040	22848	26656	30464	34272
3809	7618	11427	15236	19045	22854	26663	30472	34281
3811	7622	11433	15244	19055	22866	26677	30488	34299
3812	7624	11436	15248	19060	22872	26684	30496	34308
3813	7626	11439	15252	19065	22878	26691	30504	34317
3814	7628	11442	15256	19070	22884	26698	30512	34326
3815	7630	11445	15260	19075	22890	26705	30520	34335
3816	7632	11448	15264	19080	22896	26712	30528	34344
3817	7634	11451	15268	19085	22902	26719	30536	34353
3818	7636	11454	15272	19090	22908	26726	30544	34362
3819	7638	11457	15276	19095	22914	26733	30552	34371
3821	7642	11463	15284	19105	22926	26747	30568	34389
3822	7644	11466	15288	19110	22932	26754	30576	34398
3823	7646	11469	15292	19115	22938	26761	30584	34407
3824	7648	11472	15296	19120	22944	26768	30592	34416
3825	7650	11475	15300	19125	22950	26775	30600	34425
3826	7652	11478	15304	19130	22956	26782	30608	34434
3827	7654	11481	15308	19135	22962	26789	30616	34443
3828	7656	11484	15312	19140	22968	26796	30624	34452
3829	7658	11487	15316	19145	22974	26803	30632	34461
3831	7662	11493	15324	19155	22986	26817	30648	34479
3832	7664	11496	15328	19160	22992	26824	30656	34488
3833	7666	11499	15332	19165	22998	26831	30664	34497
3834	7668	11502	15336	19170	23004	26838	30672	34506

1	2	3	4	5	6	7	8	9
3835	7670	11505	15340	19175	23010	26845	30680	34515
3836	7672	11508	15344	19180	23016	26852	30688	34524
3837	7674	11511	15348	19185	23022	26859	30696	34533
3838	7676	11514	15352	19190	23028	26866	30704	34542
3839	7678	11517	15356	19195	23034	26873	30712	34551
3841	7682	11523	15364	19205	23046	26887	30728	34569
3842	7684	11526	15368	19210	23052	26894	30736	34578
3843	7686	11529	15372	19215	23058	26901	30744	34587
3844	7688	11532	15376	19220	23064	26908	30752	34596
3845	7690	11535	15380	19225	23070	26915	30760	34605
3846	7692	11538	15384	19230	23076	26922	30768	34614
3847	7694	11541	15388	19235	23082	26929	30776	34623
3848	7696	11544	15392	19240	23088	26936	30784	34632
3849	7698	11547	15396	19245	23094	26943	30792	34641
3851	7702	11553	15404	19255	23106	26957	30808	34659
3852	7704	11556	15408	19260	23112	26964	30816	34668
3853	7706	11559	15412	19265	23118	26971	30824	34677
3854	7708	11562	15416	19270	23124	26978	30832	34686
3855	7710	11565	15420	19275	23130	26985	30840	34695
3856	7712	11568	15424	19280	23136	26992	30848	34704
3857	7714	11571	15428	19285	23142	26999	30856	34713
3858	7716	11574	15432	19290	23148	27006	30864	34722
3859	7718	11577	15436	19295	23154	27013	30872	34731
3861	7722	11583	15444	19305	23166	27027	30888	34749
3862	7724	11586	15448	19310	23172	27034	30896	34758
3863	7726	11589	15452	19315	23178	27041	30904	34767
3864	7728	11592	15456	19320	23184	27048	30912	34776
3865	7730	11595	15460	19325	23190	27055	30920	34785
3866	7732	11598	15464	19330	23196	27062	30928	34794
3867	7734	11601	15468	19335	23202	27069	30936	34803
3868	7736	11604	15472	19340	23208	27076	30944	34812
3869	7738	11607	15476	19345	23214	27083	30952	34821
3871	7742	11613	15484	19355	23226	27097	30968	34839
3872	7744	11616	15488	19360	23232	27104	30976	34848
3873	7746	11619	15492	19365	23238	27111	30984	34857
3874	7748	11622	15496	19370	23244	27118	30992	34866
3875	7750	11625	15500	19375	23250	27125	31000	34875
3876	7752	11628	15504	19380	23256	27132	31008	34884
3877	7754	11631	15508	19385	23262	27139	31016	34893
3878	7756	11634	15512	19390	23268	27146	31024	34902
3879	7758	11637	15516	19395	23274	27153	31032	34911
3881	7762	11643	15524	19405	23286	27167	31048	34929
3882	7764	11646	15528	19410	23292	27174	31056	34938
3883	7766	11649	15532	19415	23298	27181	31064	34947
3884	7768	11652	15536	19420	23304	27188	31072	34956
3885	7770	11655	15540	19425	22310	27195	31080	34965
3886	7772	11658	15544	19430	23316	27202	31088	34974
3887	7774	11661	15548	19435	23322	27209	31096	34983
3888	7776	11664	15552	19440	23328	27216	31104	34992
3889	7778	11667	15556	19445	23334	27223	31112	35001

1	2	3	4	5	6	7	8	9
3891	7782	11763	15564	19455	23346	27237	31128	35019
3892	7784	11676	15568	19460	23352	27244	31136	35028
3893	7786	11679	15572	19465	23358	27251	31144	35037
3894	7788	11682	15576	19470	23364	27258	31152	35046
3895	7790	11685	15580	19475	23370	27265	31160	35055
3896	7792	11688	15584	19480	23376	27272	31168	35064
3897	7794	11691	15588	19485	23382	27279	31176	35073
3898	7796	11694	15592	19490	23388	27286	31184	35082
3899	7798	11697	15596	19495	23394	27293	31192	35091
3901	7802	11703	15604	19505	23406	27307	31208	35109
3902	7804	11706	15608	19510	23412	27314	31216	35118
3903	7806	11709	15612	19515	23418	27321	31224	35127
3904	7808	11712	15616	19520	23424	27328	31232	35136
3905	7810	11715	15620	19525	23430	27335	31240	35145
3906	7812	11718	15624	19530	23436	27342	31248	35154
3907	7814	11721	15628	19535	23442	27349	31256	35163
3908	7816	11724	15632	19540	23448	27356	31264	35172
3909	7818	11727	15636	19545	23454	27363	31272	35181
3911	7822	11733	15644	19555	23466	27377	31288	35199
3912	7824	11736	15648	19560	23472	27384	31296	35208
3913	7826	11739	15652	19565	23478	27391	31304	35217
3914	7838	11742	15656	19570	23484	27398	31312	35226
3915	7830	11745	15660	19575	23490	27405	31320	35235
3916	7832	11748	15664	19580	23496	27412	31328	35244
3917	7834	11751	15668	19585	23502	27419	31336	35253
3918	7836	11754	15672	19590	23508	27426	31344	35262
3919	7838	11757	15676	19595	23514	27433	31352	35271
3921	7840	11763	15684	19605	23526	27447	31368	35289
3922	7842	11766	15688	19610	23532	27454	31376	35298
3923	7844	11769	15692	19615	23538	27461	31384	35307
3924	7846	11772	15696	19620	23544	27468	31392	35316
3925	7848	11775	15700	19625	23550	27475	31400	35325
3926	7850	11778	15704	19630	23556	27482	31408	35334
3927	7852	11781	15708	19635	23562	27489	31416	35343
3928	7854	11784	15712	19640	23568	27496	31424	35352
3929	7856	11787	15716	19645	23574	27503	31432	35361
3931	7858	11793	15724	19655	23586	27517	31448	35379
3932	7862	11796	15728	19660	23592	27524	31456	35388
3933	7864	11799	15732	19665	23598	27531	31464	35397
3934	7866	11802	15736	19670	23604	27538	31472	35406
3935	7868	11805	15740	19675	23610	27545	31480	35415
3936	7870	11808	15744	19680	23616	27552	31488	35424
3937	7872	11811	15748	19685	23622	27559	31496	35433
3938	7874	11814	15752	19690	23628	27566	31504	35442
3939	7876	11817	15756	19695	23634	27573	31512	35451
3941	7878	11823	15764	19705	23646	27587	31528	35469
3942	7882	11826	15768	19710	23652	27594	31536	35478
3943	7884	11829	15772	19715	23658	27601	31544	35487
3944	7886	11832	15776	19720	23664	27608	31552	35496
3945	7888	11835	15780	19725	23670	27615	31560	35505

1	2	3	4	5	6	7	8	9
3946	7892	11838	15784	19730	23676	27622	31568	35514
3947	7894	11841	15788	19735	23682	27629	31576	35523
3948	7896	11844	15792	19740	23688	27636	31584	35532
3949	7898	11847	15796	19745	23694	27643	31592	35541
3951	7902	11853	15804	19755	23706	27657	31608	35559
3952	7904	11856	15808	19760	23712	27664	31616	35568
3953	7906	11859	15812	19765	23718	27671	31624	35577
3954	7908	11862	15816	19770	23724	27678	31632	35586
3955	7910	11865	15820	19775	23730	27685	31640	35595
3956	7912	11868	15824	19780	23736	27692	31648	35604
3957	7914	11871	15828	19785	23742	27699	31656	35613
3958	7916	11874	15832	19790	23748	27706	31664	35622
3959	7918	11877	15836	19795	23754	27713	31672	35631
3961	7922	11883	15844	19805	23766	27727	31688	35649
3962	7924	11886	15848	19810	23772	27734	31696	35658
3963	7926	11889	15852	19815	23778	27741	31704	35667
3964	7928	11892	15856	19820	23784	27748	31712	35676
3965	7930	11895	15860	19825	23790	27755	31720	35685
3966	7932	11898	15864	19830	23796	27762	31728	35694
3967	7934	11901	15868	19835	23802	27769	31736	35703
3968	7936	11904	15872	19840	23808	27776	31744	35712
3969	7938	11907	15876	19845	23814	27783	31752	35721
3971	7942	11913	15884	19855	23826	27797	31768	35739
3972	7944	11916	15888	19860	23832	27804	31776	35748
3973	7946	11919	15892	19865	23838	27811	31784	35757
3974	7948	11922	15896	19870	23844	27818	31792	35766
3975	7950	11925	15900	19875	23850	27825	31800	35775
3976	7952	11928	15904	19880	23856	27832	31808	35784
3977	7954	11931	15908	19885	23862	27839	31816	35793
3978	7956	11934	15912	19890	23868	27846	31824	35802
3979	7958	11937	15916	19895	23874	27853	31832	35811
3981	7962	11943	15924	19905	23886	27867	31848	35829
3982	7964	11946	15928	19910	23892	27874	31856	35838
3983	7966	11949	15932	19915	23898	27881	31864	35847
3984	7968	11952	15936	19920	23904	27888	31872	35856
3985	7970	11955	15940	19925	23910	27895	31880	35865
3986	7972	11958	15944	19930	23916	27902	31888	35874
3987	7974	11961	15948	19935	23922	27909	31896	35883
3988	7976	11964	15952	19940	23928	27916	31904	35892
3989	7978	11967	15956	19945	23934	27923	31912	35901
3991	7982	11973	15964	19955	23946	27937	31928	35919
3992	7984	11976	15968	19960	23952	27944	31936	35928
3993	7986	11979	15972	19965	23958	27951	31944	35937
3994	7988	11982	15976	19970	23964	27958	31952	35946
3995	7990	11985	15980	19975	23970	27965	31960	35955
3996	7992	11988	15984	19980	23976	27972	31968	35964
3997	7994	11991	15988	19985	23982	27979	31976	35973
3998	7996	11994	15992	19990	23988	27986	31984	35982
3999	7998	11997	15996	19995	23994	27993	31992	35991
4001	8002	12003	16004	20005	24006	28007	32008	36009

1	2	3	4	5	6	7	8	9
3779	7558	11337	15116	18895	22674	26453	30232	34011
3781	7562	11343	15124	18905	22686	26467	30248	34029
3782	7564	11346	15128	18910	22692	26474	30256	34038
3783	7566	11349	15132	18915	22698	26481	30264	34047
3784	7568	11352	15136	18920	22704	26488	30272	34056
3785	7570	11355	15140	18925	22710	26495	30280	34065
3786	7572	11358	15144	18930	22716	26502	30288	34074
3787	7574	11361	15148	18935	22722	26509	30296	34083
3788	7576	11364	15152	18940	22728	26516	30304	34092
3789	7578	11367	15156	18945	22734	26523	30312	34101
3791	7582	11373	15164	18955	22746	26537	30328	34119
3792	7584	11376	15168	18960	22752	26544	30336	34128
3793	7586	11379	15172	18965	22758	26551	30344	34137
3794	7588	11382	15176	18970	22764	26558	30352	34146
3795	7590	11385	15180	18975	22770	26565	30360	34155
3796	7592	11388	15184	18980	22776	26572	30368	34164
3797	7594	11391	15188	18985	22782	26579	30376	34173
3798	7596	11394	15192	18990	22788	26586	30384	34182
3799	7598	11397	15196	18995	22794	26593	30392	34191
3801	7602	11403	15204	19005	22806	26607	30408	34209
3802	7604	11406	15208	19010	22812	26614	30416	34218
3803	7606	11409	15212	19015	22818	26621	30424	34227
3804	7608	11412	15216	19020	22824	26628	30432	34236
3805	7610	11415	15220	19025	22830	26635	30440	34245
3806	7612	11418	15224	19030	22836	26642	30448	34254
3807	7614	11421	15228	19035	22842	26649	30456	34263
3808	7616	11424	15232	19040	22848	26656	30464	34272
3809	7618	11427	15236	19045	22854	26663	30472	34281
3811	7622	11433	15244	19055	22866	26677	30488	34299
3812	7624	11436	15248	19060	22872	26684	30496	34308
3813	7626	11439	15252	19065	22878	26691	30504	34317
3814	7628	11442	15256	19070	22884	26698	30512	34326
3815	7630	11445	15260	19075	22890	26705	30520	34335
3816	7632	11448	15264	19080	22896	26712	30528	34344
3817	7634	11451	15268	19085	22902	26719	30536	34353
3818	7636	11454	15272	19090	22908	26726	30544	34362
3819	7638	11457	15276	19095	22914	26733	30552	34371
3821	7642	11463	15284	19105	22926	26747	30568	34389
3822	7644	11466	15288	19110	22932	26754	30576	34398
3823	7646	11469	15292	19115	22938	26761	30584	34407
3824	7648	11472	15296	19120	22944	26768	30592	34416
3825	7650	11475	15300	19125	22950	26775	30600	34425
3826	7652	11478	15304	19130	22956	26782	30608	34434
3827	7654	11481	15308	19135	22962	26789	30616	34443
3828	7656	11484	15312	19140	22968	26796	30624	34452
3829	7658	11487	15316	19145	22974	26803	30632	34461
3831	7662	11493	15324	19155	22986	26817	30648	34479
3832	7664	11496	15328	19160	22992	26824	30656	34488
3833	7666	11499	15332	19165	22998	26831	30664	34497
3834	7668	11502	15336	19170	23004	26838	30672	34506

1	2	3	4	5	6	7	8	9
3835	7670	11505	15340	19175	23010	26845	30680	34515
3836	7672	11508	15344	19180	23016	26852	30688	34524
3837	7674	11511	15348	19185	23022	26859	30696	34533
3838	7676	11514	15352	19190	23028	26866	30704	34542
3839	7678	11517	15356	19195	23034	26873	30712	34551
3841	7682	11523	15364	19205	23046	26887	30728	34569
3842	7684	11526	15368	19210	23052	26894	30736	34578
3843	7686	11529	15372	19215	23058	26901	30744	34587
3844	7688	11532	15376	19220	23064	26908	30752	34596
3845	7690	11535	15380	19225	23070	26915	30760	34605
3846	7692	11538	15384	19230	23076	26922	30768	34614
3847	7694	11541	15388	19235	23082	26929	30776	34623
3848	7696	11544	15392	19240	23088	26936	30784	34632
3849	7698	11547	15396	19245	23094	26943	30792	34641
3851	7702	11553	15404	19255	23106	26957	30808	34659
3852	7704	11556	15408	19260	23112	26964	30816	34668
3853	7706	11559	15412	19265	23118	26971	30824	34677
3854	7708	11562	15416	19270	23124	26978	30832	34686
3855	7710	11565	15420	19275	23130	26985	30840	34695
3856	7712	11568	15424	19280	23136	26992	30848	34704
3857	7714	11571	15428	19285	23142	26999	30856	34713
3858	7716	11574	15432	19290	23148	27006	30864	34722
3859	7718	11577	15436	19295	23154	27013	30872	34731
3861	7722	11583	15444	19305	23166	27027	30888	34749
3862	7724	11586	15448	19310	23172	27034	30896	34758
3863	7726	11589	15452	19315	23178	27041	30904	34767
3864	7728	11592	15456	19320	23184	27048	30912	34776
3865	7730	11595	15460	19325	23190	27055	30920	34785
3866	7732	11598	15464	19330	23196	27062	30928	34794
3867	7734	11601	15468	19335	23202	27069	30936	34803
3868	7736	11604	15472	19340	23208	27076	30944	34812
3869	7738	11607	15476	19345	23214	27083	30952	34821
3871	7742	11613	15484	19355	23226	27097	30968	34839
3872	7744	11616	15488	19360	23232	27104	30976	34848
3873	7746	11619	15492	19365	23238	27111	30984	34857
3874	7748	11622	15496	19370	23244	27118	30992	34866
3875	7750	11625	15500	19375	23250	27125	31000	34875
3876	7752	11628	15504	19380	23256	27132	31008	34884
3877	7754	11631	15508	19385	23262	27139	31016	34893
3878	7756	11634	15512	19390	23268	27146	31024	34902
3879	7758	11637	15516	19395	23274	27153	31032	34911
3881	7762	11643	15524	19405	23286	27167	31048	34929
3882	7764	11646	15528	19410	23292	27174	31056	34938
3883	7766	11649	15532	19415	23298	27181	31064	34947
3884	7768	11652	15536	19420	23304	27188	31072	34956
3885	7770	11655	15540	19425	22310	27195	31080	34965
3886	7772	11658	15544	19430	23316	27202	31088	34974
3887	7774	11661	15548	19435	23322	27209	31096	34983
3888	7776	11664	15552	19440	23328	27216	31104	34992
3889	7778	11667	15556	19445	23334	27223	31112	35001

1	2	3	4	5	6	7	8	9
3891	7782	11763	15564	19455	23346	27237	31128	35019
3892	7784	11676	15568	19460	23352	27244	31136	35028
3893	7786	11679	15572	19465	23358	27251	31144	35037
3894	7788	11682	15576	19470	23364	27258	31152	35046
3895	7790	11685	15580	19475	23370	27265	31160	35055
3896	7792	11688	15584	19480	23376	27272	31168	35064
3897	7794	11691	15588	19485	23382	27279	31176	35073
3898	7796	11694	15592	19490	23388	27286	31184	35082
3899	7798	11697	15596	19495	23394	27293	31192	35091
3901	7802	11703	15604	19505	23406	27307	31208	35109
3902	7804	11706	15608	19510	23412	27314	31216	35118
3903	7806	11709	15612	19515	23418	27321	31224	35127
3904	7808	11712	15616	19520	23424	27328	31232	35136
3905	7810	11715	15620	19525	23430	27335	31240	35145
3906	7812	11718	15624	19530	23436	27342	31248	35154
3907	7814	11721	15628	19535	23442	27349	31256	35163
3908	7816	11724	15632	19540	23448	27356	31264	35172
3909	7818	11727	15636	19545	23454	27363	31272	35181
3911	7822	11733	15644	19555	23466	27377	31288	35199
3912	7824	11736	15648	19560	23472	27384	31296	35208
3913	7826	11739	15652	19565	23478	27391	31304	35217
3914	7838	11742	15656	19570	23484	27398	31312	35226
3915	7830	11745	15660	19575	23490	27405	31320	35235
3916	7832	11748	15664	19580	23496	27412	31328	35244
3917	7834	11751	15668	19585	23502	27419	31336	35253
3918	7836	11754	15672	19590	23508	27426	31344	35262
3919	7838	11757	15676	19595	23514	27433	31352	35271
3921	7840	11763	15684	19605	23526	27447	31368	35289
3922	7842	11766	15688	19610	23532	27454	31376	35298
3923	7844	11769	15692	19615	23538	27461	31384	35307
3924	7846	11772	15696	19620	23544	27468	31392	35316
3925	7848	11775	15700	19625	23550	27475	31400	35325
3926	7850	11778	15704	19630	23556	27482	31408	35334
3927	7852	11781	15708	19635	23562	27489	31416	35343
3928	7854	11784	15712	19640	23568	27496	31424	35352
3929	7856	11787	15716	19645	23574	27503	31432	35361
3931	7858	11793	15724	19655	23586	27517	31448	35379
3932	7862	11796	15728	19660	23592	27524	31456	35388
3933	7864	11799	15732	19665	23598	27531	31464	35397
3934	7866	11802	15736	19670	23604	27538	31472	35406
3935	7868	11805	15740	19675	23610	27545	31480	35415
3936	7870	11808	15744	19680	23616	27552	31488	35424
3937	7872	11811	15748	19685	23622	27559	31496	35433
3938	7874	11814	15752	19690	23628	27566	31504	35442
3939	7876	11817	15756	19695	23634	27573	31512	35451
3941	7878	11823	15764	19705	23646	27587	31528	35469
3942	7882	11826	15768	19710	23652	27594	31536	35478
3943	7884	11829	15772	19715	23658	27601	31544	35487
3944	7886	11832	15776	19720	23664	27608	31552	35496
3945	7888	11835	15780	19725	23670	27615	31560	35505

1	2	3	4	5	6	7	8	9
3946	7892	11838	15784	19730	23676	27622	31568	35514
3947	7894	11841	15788	19735	23682	27629	31576	35523
3948	7896	11844	15792	19740	23688	27636	31584	35532
3949	7898	11847	15796	19745	23694	27643	31592	35541
3951	7902	11853	15804	19755	23706	27657	31608	35559
3952	7904	11856	15808	19760	23712	27664	31616	35568
3953	7906	11859	15812	19765	23718	27671	31624	35577
3954	7908	11862	15816	19770	23724	27678	31632	35586
3955	7910	11865	15820	19775	23730	27685	31640	35595
3956	7912	11868	15824	19780	23736	27692	31648	35604
3957	7914	11871	15828	19785	23742	27699	31656	35613
3958	7916	11874	15832	19790	23748	27706	31664	35622
3959	7918	11877	15836	19795	23754	27713	31672	35631
3961	7922	11883	15844	19805	23766	27727	31688	35649
3962	7924	11886	15848	19810	23772	27734	31696	35658
3963	7926	11889	15852	19815	23778	27741	31704	35667
3964	7928	11892	15856	19820	23784	27748	31712	35676
3965	7930	11895	15860	19825	23790	27755	31720	35685
3966	7932	11898	15864	19830	23796	27762	31728	35694
3967	7934	11901	15868	19835	23802	27769	31736	35703
3968	7936	11904	15872	19840	23808	27776	31744	35712
3969	7938	11907	15876	19845	23814	27783	31752	35721
3971	7942	11913	15884	19855	23826	27797	31768	35739
3972	7944	11916	15888	19860	23832	27804	31776	35748
3973	7946	11919	15892	19865	23838	27811	31784	35757
3974	7948	11922	15896	19870	23844	27818	31792	35766
3975	7950	11925	15900	19875	23850	27825	31800	35775
3976	7952	11928	15904	19880	23856	27832	31808	35784
3977	7954	11931	15908	19885	23862	27839	31816	35793
3978	7956	11934	15912	19890	23868	27846	31824	35802
3979	7958	11937	15916	19895	23874	27853	31832	35811
3981	7962	11943	15924	19905	23886	27867	31848	35829
3982	7964	11946	15928	19910	23892	27874	31856	35838
3983	7966	11949	15932	19915	23898	27881	31864	35847
3984	7968	11952	15936	19920	23904	27888	31872	35856
3985	7970	11955	15940	19925	23910	27895	31880	35865
3986	7972	11958	15944	19930	23916	27902	31888	35874
3987	7974	11961	15948	19935	23922	27909	31896	35883
3988	7976	11964	15952	19940	23928	27916	31904	35892
3989	7978	11967	15956	19945	23934	27923	31912	35901
3991	7982	11973	15964	19955	23946	27937	31928	35919
3992	7984	11976	15968	19960	23952	27944	31936	35928
3993	7986	11979	15972	19965	23958	27951	31944	35937
3994	7988	11982	15976	19970	23964	27958	31952	35946
3995	7990	11985	15980	19975	23970	27965	31960	35955
3996	7992	11988	15984	19980	23976	27972	31968	35964
3997	7994	11991	15988	19985	23982	27979	31976	35973
3998	7996	11994	15992	19990	23988	27986	31984	35982
3999	7998	11997	15996	19995	23994	27993	31992	35991
4001	8002	12003	16004	20005	24006	28007	32008	36009

1	2	3	4	5	6	7	8	9
4002	8004	12006	16008	20010	24012	28014	32016	36018
4003	8006	12009	16012	20015	24018	28021	32024	36027
4004	8008	12012	16016	20020	24024	28028	32032	36036
4005	8010	12015	16020	20025	24030	28035	32040	36045
4006	8012	12018	16024	20030	24036	28042	32048	36054
4007	8014	12021	16028	20035	24042	28049	32056	36063
4008	8016	12024	16032	20040	24048	28056	32064	36072
4009	8018	12027	16036	20045	24054	28063	32072	36081
4011	8022	12033	16044	20055	24066	28077	32088	36099
4012	8024	12036	16048	20060	24072	28084	32096	36108
4013	8026	12039	16052	20065	24078	28091	32104	36117
4014	8028	12042	16056	20070	24084	28098	32112	36126
4015	8030	12045	16060	20075	24090	28105	32120	36135
4016	8032	12048	16064	20080	24096	28112	32128	36144
4017	8034	12051	16068	20085	24102	28119	32136	36153
4018	8036	12054	16072	20090	24108	28126	32144	36162
4019	8038	12057	16076	20095	24114	28133	32152	36171
4021	8042	12063	16084	20105	24126	28147	32168	36189
4022	8044	12066	16088	20110	24132	28154	32176	36198
4023	8046	12069	16092	20115	24138	28161	32184	36207
4024	8048	12072	16096	20120	24144	28168	32192	36216
4025	8050	12075	16100	20125	24150	28175	32200	36225
4026	8052	12078	16104	20130	24156	28182	32208	36234
4027	8054	12081	16108	20135	24162	28189	32216	36243
4028	8056	12084	16112	20140	24168	28196	32224	36252
4029	8058	12087	16116	20145	24174	28203	32232	36261
4031	8062	12093	16124	20155	24186	28217	32248	36279
4032	8064	12096	16128	20160	24192	28224	32256	36288
4033	8066	12099	16132	20165	24198	28231	32264	36297
4034	8068	12102	16136	20170	24204	28238	32272	36306
4035	8070	12105	16140	20175	24210	28245	32280	36315
4036	8072	12108	16144	20180	24216	28252	32288	36324
4037	8074	12111	16148	20185	24222	28259	32296	36333
4038	8076	12114	16152	20190	24228	28266	32304	36342
4039	8078	12117	16156	20195	24234	28273	32312	36351
4041	8082	12123	16164	20205	24246	28287	32328	36369
4042	8084	12126	16168	20210	24252	28294	32336	36378
4043	8086	12129	16172	20215	24258	28301	32344	36387
4044	8088	12132	16176	20220	24264	28308	32352	36396
4045	8090	12135	16180	20225	24270	28315	32360	36405
4046	8092	12138	16184	20230	24276	28322	32368	36414
4047	8094	12141	16188	20235	24282	28329	32376	36423
4048	8096	12144	16192	20240	24288	28336	32384	36432
4049	8098	12147	16196	20245	24294	28343	32392	36441
4051	8102	12153	16204	20255	24306	28357	32408	36459
4052	8104	12156	16208	20260	24312	28364	32416	36468
4053	8106	12159	16212	20265	24318	28371	32424	36477
4054	8108	12162	16216	20270	24324	28378	32432	36486
4055	8110	12165	16220	20275	24330	28385	32440	36495
4056	8112	12168	16224	20280	24336	28392	32448	36504

1	2	3	4	5	6	7	8	9
4057	8114	12171	16228	20285	24342	28399	32456	36513
4058	8116	12174	16232	20290	24348	28406	32464	36522
4059	8118	12177	16236	20295	24354	28413	32472	36531
4061	8122	12183	16244	20305	24366	28427	32488	36549
4062	8124	12186	16248	20310	24372	28434	32496	36558
4063	8126	12189	16252	20315	24378	28441	32504	36567
4064	8128	12192	16256	20320	24384	28448	32512	36576
4065	8130	12195	16260	20325	24390	28455	32520	36585
4066	8132	12198	16264	20330	24396	28462	32528	36594
4067	8134	12201	16268	20335	24402	28469	32536	36603
4068	8136	12204	16272	20340	24408	28476	32544	36612
4069	8138	12207	16276	20345	24414	28483	32552	36621
4071	8142	12213	16284	20355	24426	28497	32568	36639
4072	8144	12216	16288	20360	24432	28504	32576	36648
4073	8146	12219	16292	20365	24438	28511	32584	36657
4074	8148	12222	16296	20370	24444	28518	32592	36666
4075	8150	12225	16300	20375	24450	28525	32600	36675
4076	8152	12228	16304	20380	24456	28532	32608	36684
4077	8154	12231	16308	20385	24462	28539	32616	36693
4078	8156	12234	16312	20390	24468	28546	32624	36702
4079	8168	12237	16316	20395	24474	28553	32632	36711
4081	8162	12243	16324	20405	24486	28567	32648	36729
4082	8164	12246	16328	20410	24492	28574	32656	36738
4083	8166	12249	16332	20415	24498	28581	32664	36747
4084	8168	12252	16336	20420	24504	28588	32672	36756
4085	8170	12255	16340	20425	24510	28595	32680	36765
4086	8172	12258	16344	20430	24516	28602	32688	36774
4087	8174	12261	16348	20435	24522	28609	32696	36783
4088	8176	12264	16352	20440	24528	28616	32704	36792
4089	8178	12267	16356	20445	24534	28623	32712	36801
4091	8182	12273	16364	20455	24546	28637	32728	36819
4092	8184	12276	16368	20460	24552	28644	32736	36828
4093	8186	12279	16372	20465	24558	28651	32744	36837
4094	8188	12282	16376	20470	24564	28658	32752	36846
4095	8190	12285	16380	20475	24570	28665	32760	36855
4096	8192	12288	16384	20480	24576	28672	32768	36864
4097	8194	12291	16388	20485	24582	28679	32776	36873
4098	8196	12294	16392	20490	24588	28686	32784	36882
4099	8198	12297	16396	20495	24594	28693	32792	36891
4101	8202	12303	16404	20505	24606	28707	32808	36909
4102	8204	12306	16408	20510	24612	28714	32816	36918
4103	8206	12309	16412	20515	24618	28721	32824	36927
4104	8208	12312	16416	20520	24624	28728	32832	36936
4105	8210	12315	16420	20525	24630	28735	32840	36945
4106	8212	12318	16424	20530	24636	28742	32848	36954
4107	8214	12321	16428	20535	24642	28749	32856	36963
4108	8216	12324	16432	20540	24648	28756	32864	36972
4109	8218	12327	16436	20545	24654	28763	32872	26981
4111	8222	12333	16444	20555	24666	28777	32888	36999
4112	8224	12336	16448	20560	24672	28784	32896	37008

1	2	3	4	5	6	7	8	9
4113	8226	12339	16452	20565	24678	28791	32904	37017
4114	8228	12342	16456	20570	24684	28798	32912	37026
4115	8230	12345	16460	20575	24690	28805	32920	37035
4116	8232	12348	16464	20580	24696	28812	32928	37044
4117	8234	12351	16468	20585	24702	28819	32936	37053
4118	8236	12354	16472	20590	24708	28826	32944	37062
4119	8238	12357	16476	20595	24714	28833	32952	37071
4121	8242	12363	16484	20605	24726	28847	32968	37089
4122	8244	12366	16488	20610	24732	28854	32976	37098
4123	8246	12369	16492	20615	24738	28861	32984	37107
4124	8248	12372	16496	20620	24744	28868	32992	37116
4125	8250	12375	16500	20625	24750	28875	33000	37125
4126	8252	12378	16504	20630	24756	28882	33008	37134
4127	8254	12381	16508	20635	24762	28889	33016	37143
4128	8256	12384	16512	20640	24768	28896	33024	37152
4129	8258	12387	16516	20645	24774	28903	33032	37161
4131	8262	12393	16524	20655	24786	28917	33048	37179
4132	8264	12396	16528	20660	24792	28924	33056	37188
4133	8266	12399	16532	20665	24798	28931	33064	37197
4134	8268	12402	16536	20670	24804	28938	33072	37206
4135	8270	12405	16540	20675	24810	28945	33080	37215
4136	8272	12408	16544	20680	24816	28952	33088	37224
4137	8274	12411	16548	20685	24822	28959	33096	37233
4138	8276	12414	16552	20690	24828	28966	33104	37242
4139	8278	12417	16556	20695	24834	28973	33112	37251
4141	8282	12423	16564	20705	24846	28987	33128	37269
4142	8284	12426	16568	20710	24852	28994	33136	37278
4143	8286	12429	16572	20715	24858	29001	33144	37287
4144	8288	12432	16576	20720	24864	29008	33152	37296
4145	8290	12435	16580	20725	24870	29015	33160	37305
4146	8292	12438	16584	20730	24876	29022	33168	37314
4147	8294	12441	16588	20735	24882	29029	33176	37323
4148	8296	12444	16592	20740	24888	29036	33184	37332
4149	8298	12453	16596	20745	24894	29043	33192	37341
4151	8302	12456	16604	20755	24906	29057	33208	37359
4152	8304	12459	16608	20760	24912	29064	33216	37368
4153	8306	12462	16612	20765	24918	29071	33224	37377
4154	8308	12465	16616	20770	24924	29078	33232	37386
4155	8310	12468	16620	20775	24930	29085	33240	37395
4156	8312	12471	16624	20780	24936	29092	33248	37404
4157	8314	12474	16628	20785	24942	29099	33256	37413
4158	8316	12477	16632	20790	24948	29106	33264	37422
4159	8318	12483	16636	20795	24954	29113	33272	37431
4161	8322	12486	16644	20805	24966	29127	33288	37449
4162	8324	12489	16648	20810	24972	29134	33296	37458
4163	8326	12492	16652	20815	24978	29141	33304	37467
4164	8328	12495	16656	20820	24984	29148	33312	37476
4165	8330	12498	16660	20825	24990	29155	33320	37485
4166	8332	12501	16664	20830	24996	29162	33328	37494
4167	8334	12504	16668	20835	25002	29169	33336	37503

1	2	3	4	5	6	7	8	9
4168	8336	12504	16672	20840	25008	29176	33344	37512
4169	8338	12507	16676	20845	25014	29183	33352	37521
4171	8342	12513	16684	20855	25026	29197	33368	37539
4172	8344	12516	16688	20860	25032	29204	33376	37548
4173	8346	12519	16692	20865	25038	29211	33384	37557
4174	8348	12522	16696	20870	25044	29218	33392	37566
4175	8350	12525	16700	20875	25050	29225	33400	37575
4176	8352	12528	16704	20880	25056	29232	33408	37584
4177	8354	12531	16708	20885	25062	29239	33416	37593
4178	8356	12534	16712	20890	25068	29246	33424	37602
4179	8358	12537	16716	20895	25074	29253	33432	37611
4181	8362	12543	16724	20905	25086	29267	33448	37629
4182	8364	12546	16728	20910	25092	29274	33456	37638
4183	8366	12549	16732	20915	25098	29281	33464	37647
4184	8368	12552	16736	20920	25104	29288	33472	37656
4185	8370	12555	16740	20925	25110	29295	33480	37665
4186	8372	12558	16744	20930	25116	29302	33488	37674
4187	8374	12561	16748	20835	25122	29309	33496	37683
4188	8376	12564	16752	20940	25128	29316	33504	37692
4189	8378	12567	16756	20945	25134	29323	33512	37701
4191	8382	12573	16764	20955	25146	29337	33528	37719
4192	8384	12576	16768	20960	25152	29344	33536	37728
4193	8386	12579	16772	20965	25158	29351	33544	37737
4194	8388	12582	16776	20970	25164	29358	33552	37746
4195	8390	12585	16780	20975	25170	29365	33560	37755
4196	8392	12588	16784	20980	25176	29372	33568	37764
4197	8394	12591	16788	20985	25182	29379	33576	37773
4198	8396	12594	16792	20990	25188	29386	33584	37782
4199	8398	12597	16796	20995	25194	29393	33592	37791
4201	8402	12603	16804	21005	25206	29407	33608	37809
4202	8404	12606	16808	21010	25212	29414	33616	37818
4203	8406	12609	16812	21015	25218	29421	33624	37827
4204	8408	12612	16816	21020	25224	29428	33632	37836
4205	8410	12615	16820	21025	25230	29435	33640	37845
4206	8412	12618	16824	21030	25236	29442	33648	37854
4207	8414	12621	16828	21035	25242	29449	33656	37863
4208	8416	12624	16832	21040	25248	29456	33664	37872
4209	8418	12627	16836	21045	25254	29463	33672	37881
4211	8422	12633	16844	21055	25266	29477	33688	37899
4212	8424	12636	16848	21060	25272	29484	33696	37908
4213	8426	12639	16852	21065	25278	29491	33704	37917
4214	8428	12642	16856	21070	25284	29498	33712	37926
4215	8430	12645	16860	21075	25290	29505	33720	37935
4216	8432	12648	16864	21080	25296	29512	33728	37944
4217	8434	12651	16868	21085	25302	29519	33736	37953
4218	8436	12654	16872	21090	25308	29526	33744	37962
4219	8438	12657	16876	21095	25314	29533	33752	37971
4221	8442	12663	16884	21105	25326	29547	33768	37989
4222	8444	12666	16888	21110	25332	29554	33776	37998
4223	8446	12669	16892	21115	25338	29561	33784	38007

1	2	3	4	5	6	7	8	9
4224	8448	12672	16896	21120	25344	29568	33792	38016
4225	8450	12675	16900	21125	25350	29575	33800	38025
4226	8452	12678	16904	21130	25356	29582	33808	38034
4227	8454	12681	16908	21135	25362	29589	33816	38043
4228	8456	12684	16912	21140	25368	29596	33824	38052
4229	8458	12687	16916	21145	25374	29603	33832	38061
4231	8462	12693	16924	21155	25386	29617	33848	38079
4232	8464	12696	16928	21160	25392	29624	33856	38088
4233	8466	12699	16932	21165	25398	29631	33864	38097
4234	8468	12702	16936	21170	25404	29638	33872	38106
4235	8470	12705	16940	21175	25410	29645	33880	38115
4236	8472	12708	16944	21180	25416	29652	33888	38124
4237	8474	12711	16948	21185	25422	29659	33896	38133
4238	8476	12714	16952	21190	25428	29666	33904	38142
4239	8478	12717	16956	21195	25434	29673	33912	38151
4241	8482	12723	16964	21205	25446	29687	33928	38169
4242	8484	12726	16968	21210	25452	29694	33936	38178
4243	8486	12729	16972	21215	25458	29701	33944	38187
4244	8488	12732	16976	21220	25464	29708	33952	38196
4245	8490	12735	16980	21225	25470	29715	33960	38205
4246	8492	12738	16984	21230	25476	29722	33968	38214
4247	8494	12741	16988	21235	25482	29729	33976	38223
4248	8496	12744	16992	21240	25488	29736	33984	38232
4249	8498	12747	16996	21245	25494	29743	33992	38241
4251	8502	12753	17004	21255	25506	29757	34008	38259
4252	8504	12756	17008	21260	25512	29764	34016	38268
4253	8506	12759	17012	21265	25518	29771	34024	38277
4254	8508	12762	17016	21270	25524	29778	34032	38286
4255	8510	12765	17020	21275	25530	29785	34040	38295
4256	8512	12768	17024	21280	25536	29792	34048	38304
4257	8514	12771	17028	21285	25542	29799	34056	38313
4258	8516	12774	17032	21290	25548	29806	34064	38322
4259	8518	12777	17036	21295	25554	29813	34072	38331
4261	8522	12783	17044	21305	25566	29827	34088	38349
4262	8524	12786	17048	21310	25572	29834	34096	38358
4263	8526	12789	17052	21315	25578	29841	34104	38367
4264	8528	12792	17056	21320	25584	29848	34112	38376
4265	8530	12795	17060	21325	25590	29855	34120	38385
4266	8532	12798	17064	21330	25596	29862	34128	38394
4267	8534	12801	17068	21335	25602	29869	34136	38403
4268	8536	12804	17072	21340	25608	29876	34144	38412
4269	8538	12807	17076	21345	25614	29883	34152	38421
4271	8542	12813	17084	21355	25626	29897	34168	38439
4272	8544	12816	17088	21360	25632	29904	34176	38448
4273	8546	12819	17092	21365	25638	29911	34184	38457
4274	8548	12822	17096	21370	25644	29918	34192	38466
4275	8550	12825	17100	21375	25650	29925	34200	38475
4276	8552	12828	17104	21380	25656	29932	34208	38484
4277	8554	12831	17108	21385	25662	29939	34216	38493
4278	8556	12834	17112	21390	25668	29946	34224	38502

1	2	3	4	5	6	7	8	9
4279	8558	12837	17116	21395	25674	29953	34232	38511
4281	8562	12843	17124	21405	25686	29967	34248	38529
4282	8564	12846	17128	21410	25692	29974	34256	38538
4283	8566	12849	17132	21415	25698	29981	34264	38547
4284	8568	12852	17136	21420	25704	29988	34272	38556
4285	8570	12855	17140	21425	25710	29995	34280	38565
4286	8572	12858	17144	21430	25716	30002	34288	38574
4287	8574	12861	17148	21435	25722	30009	34296	38583
4288	8576	12864	17152	21440	25728	30016	34304	38592
4289	8578	12867	17156	21445	25734	30023	34312	38601
4291	8582	12873	17164	21455	25746	30037	34328	38619
4292	8584	12876	17168	21460	25752	30044	34336	38628
4293	8586	12879	17172	21465	25758	30051	34344	38637
4294	8588	12882	17176	21470	25764	30058	34352	38646
4295	8590	12885	17180	21475	25770	30065	34360	38655
4296	8592	12888	17184	21480	25776	30072	34368	38664
4297	8594	12891	17188	21485	25782	30079	34376	38673
4298	8596	12894	17192	21490	25788	30086	34384	38682
4299	8598	12897	17196	21495	25794	30093	34392	38691
4301	8602	12903	17204	21505	25806	30107	34408	38709
4302	8604	12906	17208	21510	25812	30114	34416	38718
4303	8606	12909	17212	21515	25818	30121	34424	38727
4304	8608	12912	17216	21520	25824	30128	34432	38736
4305	8610	12915	17220	21525	25830	30135	34440	38745
4306	8612	12918	17224	21530	25836	30142	34448	38754
4307	8614	12921	17228	21535	25842	30149	34456	38763
4308	8616	12924	17232	21540	25848	30156	34464	38772
4309	8618	12927	17236	21545	25854	30163	34472	38781
4311	8622	12933	17244	21555	25866	30177	34488	38799
4312	8624	12936	17248	21560	25872	30184	34496	38808
4313	8626	12939	17252	21565	25878	30191	34504	38817
4314	8628	12942	17256	21570	25884	30198	34512	38826
4315	8630	12945	17260	21575	25890	30205	34520	38835
4316	8632	12948	17264	21580	25896	30212	34528	38844
4317	8634	12951	17268	21585	25902	30219	34536	38853
4318	8636	12954	17272	21590	25908	30226	34544	38862
4319	8638	12957	17276	21595	25914	30233	34552	38871
4321	8642	12963	17284	21605	25926	30247	34568	38889
4322	8644	12966	17288	21610	25932	30254	34576	38898
4323	8646	12969	17292	21615	25938	30261	34584	38907
4324	8648	12972	17296	21620	25944	30268	34592	38916
4325	8650	12975	17300	21625	25950	30275	34600	38925
4326	8652	12978	17304	21630	25956	30282	34608	38934
4327	8654	12981	17308	21635	25962	30289	34616	38943
4328	8656	12984	17312	21640	25968	30296	34624	38952
4329	8658	12987	17316	21645	25974	30303	34632	38961
4331	8662	12993	17324	21655	25986	30317	34648	38979
4332	8664	12996	17328	21660	25992	30324	34656	38988
4333	8666	12999	17332	21665	25998	30331	34664	38997
4334	8668	13002	17336	21670	26004	30338	34672	39006

1	2	3	4	5	6	7	8	9
4335	8670	13005	17340	21675	26010	30345	34680	39015
4336	8672	13008	17344	21680	26016	30352	34688	39024
4337	8674	13011	17348	21685	26022	30359	34696	39033
4338	8676	13014	17352	21690	26028	30366	34704	39042
4339	8678	13017	17356	21695	26034	30373	34712	39051
4341	8682	13023	17364	21705	26046	30387	34728	39069
4342	8684	13026	17368	21710	26052	30394	34736	39078
4343	8686	13029	17372	21715	26058	30401	34744	39087
4344	8688	13032	17376	21720	26064	30408	34752	39096
4345	8690	13035	17380	21725	26070	30415	34760	39105
4346	8692	13038	17384	21730	26076	30422	34768	39114
4347	8694	13041	17388	21735	26082	30429	34776	39123
4348	8696	13044	17392	21740	26088	30436	34784	39132
4349	8698	13047	17396	21745	26094	30443	34792	39141
4351	8702	13053	17404	21755	26106	30457	34808	39159
4352	8704	13056	17408	21760	26112	30464	34816	39168
4353	8706	13059	17412	21765	26118	30471	34824	39177
4354	8708	13062	17416	21770	26124	30478	34832	39186
4355	8710	13065	17420	21775	26130	30485	34840	39195
4356	8712	13068	17424	21780	26136	30492	34848	39204
4357	8714	13071	17428	21785	26142	30499	34856	39213
4358	8716	13074	17432	21790	26148	30506	34864	39222
4359	8718	13077	17436	21795	26154	30513	34872	39231
4361	8722	13083	17444	21805	26166	30527	34888	39249
4362	8724	13086	17448	21810	26172	30534	34896	39258
4363	8726	13089	17452	21815	26178	30541	34904	39267
4364	8728	13092	17456	21820	26184	30548	34912	39276
4365	8730	13095	17460	21825	26190	30555	34920	39285
4366	8732	13098	17464	21830	26196	30562	34928	39294
4367	8734	13101	17468	21835	26202	30569	34936	39303
4368	8736	13104	17482	21840	26208	30576	34944	39312
4369	8738	13107	17476	21845	26214	30583	24952	39321
4371	8742	13113	17484	21855	26226	30597	34968	39339
4372	8744	13116	17498	21860	26232	30604	34976	39348
4373	8746	13119	17492	21865	26238	30611	34984	39357
4374	8748	13122	17496	21870	26244	30618	34992	39366
4375	8750	13125	17500	21875	26250	30625	35000	39375
4376	8752	13128	17504	21880	26256	30632	35008	39384
4377	8754	13131	17508	21885	26262	30639	35016	39393
4378	8756	13144	17512	21890	26268	30646	35024	39402
4379	8758	13137	17516	21895	26274	30653	35032	39411
4381	8762	13143	17524	21905	26286	30667	35048	39429
4382	8764	13146	17528	21910	26292	30674	35056	39438
4383	8766	13149	17532	21915	26298	30681	35064	39447
4384	8768	13152	17536	21920	26304	30688	35072	39456
4385	8770	13155	17540	21925	26310	30695	35080	39465
4386	8772	13158	17544	21930	26316	30702	35088	39474
4387	8774	13161	17548	21935	26322	30709	35096	39483
4388	8776	13164	17552	21940	26328	30716	35104	39492
4389	8778	13167	17556	21945	26334	30723	35112	39501

1	2	3	4	5	6	7	8	9
4391	8782	13173	17564	21955	26346	30737	35128	39519
4392	8784	13176	17568	21960	26352	30744	35136	39528
4393	8786	13179	17572	21965	26358	30751	35144	39537
4394	8788	13182	17576	21970	26364	30758	35152	39546
4395	8790	13185	17580	21975	26370	30765	35160	39555
4396	8792	13188	17584	21980	26376	30772	35168	39564
4397	8794	13191	17588	21985	26382	30779	35176	39573
4398	8796	13194	17592	21990	26388	30786	35184	39582
4399	8798	13197	17596	21995	26394	30793	35192	39591
4401	8802	13203	17604	22005	26406	30807	35208	39609
4402	8804	13206	17608	22010	26412	30814	35216	39618
4403	8806	13209	17612	22015	26418	30821	35224	39627
4404	8808	13212	17616	22020	26424	30828	35232	39636
4405	8810	13215	17620	22025	26430	30835	35240	39645
4406	8812	13218	17624	22030	26436	30842	35248	39654
4407	8814	13221	17628	22035	26442	30849	35256	39663
4408	8816	13224	17632	22040	26448	30856	35264	39672
4409	8818	13227	17636	22045	26454	30863	35272	39681
4411	8822	13233	17644	22055	26466	30877	35288	39699
4412	8824	13236	17648	22060	26472	30884	35296	39708
4413	8826	13239	17652	22065	26478	30891	35304	39717
4414	8828	13242	17656	22070	26484	30898	35312	39726
4415	8830	13245	17660	22075	26490	30905	35320	39735
4416	8832	13248	17664	22080	26496	30912	35328	39744
4417	8834	13251	17668	22085	26502	30919	35336	39753
4418	8836	13254	17672	22090	26508	30926	35344	39762
4419	8838	13257	17676	22095	26514	30933	35352	39771
4421	8842	13263	17684	22105	26526	30947	35368	39789
4422	8844	13266	17688	22110	26532	30954	35376	39798
4423	8846	13269	17692	22115	26538	30961	35384	39807
4424	8848	13272	17696	22120	26544	30968	35392	39816
4425	8850	13275	17700	22125	26550	30975	35400	39825
4426	8852	13278	17704	22130	26556	30982	35408	39834
4427	8854	13281	17708	22135	26562	30989	35416	39843
4428	8856	13284	17712	22140	26568	30996	35424	39852
4429	8858	13287	17716	22145	26574	31003	35432	39861
4431	8862	13293	17724	22155	26586	31017	35448	39879
4432	8864	13296	17728	22160	26592	31024	35456	39888
4433	8866	13299	17732	22165	26598	31031	35464	39897
4434	8868	13302	17736	22170	26604	31038	35472	39906
4435	8870	13305	17740	22175	26610	31045	35480	39915
4436	8872	13308	17744	22180	26616	31052	35488	39924
4437	8874	13311	17748	22185	26622	31059	35496	39933
4438	8876	13314	17752	22190	26628	31066	35504	39942
4439	8878	13317	17756	22195	26634	31073	35512	39951
4441	8882	13323	17764	22205	26646	31087	35528	39969
4442	8884	13326	17768	22210	26652	31094	35536	39978
4443	8886	13329	17772	22215	26658	31101	35544	39987
4444	8888	13332	17776	22220	26664	31108	35552	39996
4445	8890	13335	17780	22225	26670	31115	35560	40005

1	2	3	4	5	6	7	8	9
4446	8892	13338	17784	22230	26676	31122	35568	40014
4447	8894	13341	17788	22235	26682	31129	35576	40023
4448	8896	13344	17792	22240	26688	31136	35584	40032
4449	8898	13347	17796	22245	26694	31143	35592	40041
4451	8902	13353	17804	22255	26706	31157	35608	40059
4452	8904	13356	17808	22260	26712	31164	35616	40068
4453	8906	13359	17812	22265	26718	31171	35624	40077
4454	8908	13362	17816	22270	26724	31178	35632	40086
4455	8910	13365	17820	22275	26730	31185	35640	40095
4456	8912	13368	17824	22280	26736	31192	35648	40104
4457	8914	13371	17828	22285	26742	31199	35656	40113
4458	8916	13374	17832	22290	26748	31206	35664	40122
4459	8918	13377	17836	22295	26754	31213	35672	40131
4461	8922	13383	17844	22305	26766	31227	35688	40149
4462	8924	13386	17848	22310	26772	31234	35696	40158
4463	8926	13389	17852	22315	26778	31241	35704	40167
4464	8928	13392	17856	22320	26784	31248	35712	40176
4465	8930	13395	17860	22325	26790	31255	35720	40185
4466	8932	13398	17864	22330	26796	31262	35728	40194
4467	8934	13401	17868	22335	26802	31269	35736	40203
4468	8936	13404	17872	22340	26808	31276	35744	40212
4469	8938	13407	17876	22345	26814	31283	35752	40221
4471	8942	13413	17884	22355	26826	31297	35768	40239
4472	8944	13416	17888	22360	26832	31304	35776	40248
4473	8946	13419	17892	22365	26838	31311	35784	40257
4474	8948	13422	17896	22370	26844	31318	35792	40266
4475	8950	13425	17900	22375	26850	31325	35800	40275
4476	8952	13428	17904	22380	26856	31332	35808	40284
4477	8954	13431	17908	22385	26862	31339	35816	40293
4478	8956	13434	17912	22390	26868	31346	35824	40302
4479	8958	13437	17916	22395	26874	31353	35832	40311
4481	8962	13443	17924	22405	26886	31367	35848	40329
4482	8964	13446	17928	22410	26892	31374	35856	40338
4483	8966	13449	17932	22415	26898	31381	35864	40347
4484	8968	13452	17936	22420	26904	31388	35872	40356
4485	8970	13455	17940	22425	26910	31395	35880	40365
4486	8972	13458	17944	22430	26916	31402	35888	40374
4487	8974	13461	17948	22435	26922	31409	35896	40383
4488	8976	13464	17952	22440	26928	31416	35904	40392
4489	8978	13467	17956	22445	26934	31423	35912	40401
4491	8982	13473	17964	22455	26946	31437	35928	40419
4492	8984	13476	17968	22460	26952	31444	35936	40428
4493	8986	13479	17972	22465	26958	31451	35944	40437
4494	8988	13482	17976	22470	26964	31458	35952	40446
4495	8990	13485	17980	22475	26970	31465	35960	40455
4496	8992	13488	17984	22480	26976	31472	35968	40464
4497	8994	13491	17988	22485	26982	31479	35976	40473
4498	8996	13494	17992	22490	26988	31486	35984	40482
4499	8998	13497	17996	22495	26994	31493	35992	40491
4501	9002	13503	18004	22505	27006	31507	36008	40509

1	2	3	4	5	6	7	8	9
4502	9004	13506	18008	22510	27012	31514	36016	40518
4503	9006	13509	18012	22515	27018	31521	36024	40527
4504	9008	13512	18016	22520	27024	31528	36032	40536
4505	9010	13515	18020	22525	27030	31535	36040	40545
4506	9012	13518	18024	22530	27036	31542	36048	40554
4507	9014	13521	18028	22535	27042	31549	36056	40563
4508	9016	13524	18032	22540	27048	31556	36064	40572
4509	9018	13527	18036	22545	27054	31563	36072	40581
4511	9022	13533	18044	22555	27066	31577	36088	40599
4512	9024	13536	18048	22560	27072	31584	36096	40608
4513	9026	13539	18052	22565	27078	31591	36104	40617
4514	9028	13542	18056	22570	27084	31598	36112	40626
4515	9030	13545	18060	22575	27090	31605	36120	40635
4516	9032	13548	18064	22580	27096	31612	36128	40644
4517	9034	13551	18068	22585	27102	31619	36136	40653
4518	9036	13554	18072	22590	27108	31626	36144	40662
4519	9038	13557	18076	22595	27114	31633	36152	40671
4521	9042	13563	18084	22605	27126	31647	36168	40689
4522	9044	13566	18088	22610	27132	31654	36176	40698
4523	9046	13569	18092	22615	27138	31661	36184	40707
4524	9048	13572	18096	22620	27144	31668	36192	40716
4525	9050	13575	18100	22625	27150	31675	36200	40725
4526	9052	13578	18104	22630	27156	31682	36208	40734
4527	9054	13581	18108	22635	27162	31689	36216	40743
4528	9056	13584	18112	22640	27168	31696	36224	40752
4529	9058	13587	18116	22645	27174	31703	36232	40761
4531	9062	13593	18124	22655	27186	31717	36248	40779
4532	9064	13596	18128	22660	27192	31724	36256	40788
4533	9066	13599	18132	22665	27198	31731	36264	40797
4534	9068	13602	18136	22670	27204	31738	36272	40806
4535	9070	13605	18140	22675	27210	31745	36280	40815
4536	9072	13608	18144	22680	27216	31752	36288	40824
4537	9074	13611	18148	22685	27222	31759	36296	40833
4538	9076	13614	18152	22690	27228	31766	36304	40842
4539	9078	13617	18156	22695	27234	31773	36312	40851
4541	9082	13623	18164	22705	27246	31787	36328	40869
4542	9084	13626	18168	22710	27252	31794	36336	40878
4543	9086	13629	18172	22715	27258	31801	36344	40887
4544	9088	13632	18176	22720	27264	31808	36352	40896
4545	9090	13635	18180	22725	27270	31815	36360	40905
4546	9092	13638	18184	22730	27276	31822	36368	40914
4547	9094	13641	18188	22735	27282	31829	36376	40923
4548	9096	13644	18192	22740	27288	31836	36384	40932
4549	9098	13647	18196	22745	27294	31843	36392	40941
4551	9102	13653	18204	22755	27306	31857	36408	40959
4552	9104	13656	18208	22760	27312	31864	36416	40968
4553	9106	13659	18212	22765	27318	31871	36424	40977
4554	9108	13662	18216	22770	27324	31878	36432	40986
4555	9110	13665	18220	22775	27330	31885	36440	40995
4556	9112	13668	18224	22780	27336	31892	36448	41004

1	2	3	4	5	6	7	8	9
4557	9114	13671	18228	22785	27342	31899	36456	41013
4558	9116	13674	18232	22790	27348	31906	36464	41022
4559	9118	13677	18236	22795	27354	31913	36472	41031
4561	9122	13683	18244	22805	27366	31927	36488	41049
4562	9124	13686	18248	22810	27372	31934	36496	41058
4563	9126	13689	18252	22815	27378	31941	36504	41067
4564	9128	13692	18256	22820	27384	31948	36512	41076
4565	9130	13695	18260	22825	27390	31955	36520	41085
4566	9132	13698	18264	22830	27396	31962	36528	41094
4567	9134	13701	18268	22835	27402	31969	36536	41103
4568	9136	13704	18272	22840	27408	31976	36544	41112
4569	9138	13707	18276	22845	27414	31983	36552	41121
4571	9142	13713	18284	22855	27426	31997	36568	41139
4572	9144	13716	18288	22860	27432	32004	36576	41148
4573	9146	13719	18292	22865	27438	32011	36584	41157
4574	9148	13722	18296	22870	27444	32018	36592	41166
4575	9150	13725	18300	22875	27450	32025	36600	41175
4576	9152	13728	18304	22880	27456	32032	36608	41184
4577	9154	13731	18308	22885	27462	32039	36616	41193
4578	9156	13734	18312	22890	27468	32046	36624	41202
4579	9158	13737	18316	22895	27474	32053	36632	41211
4581	9162	13743	18324	22905	27486	32067	36648	41229
4582	9164	13746	18328	22910	27492	32074	36656	41238
4583	9166	13749	18332	22915	27498	32081	36664	41247
4584	9168	13752	18336	22920	27504	32088	36672	41256
4585	9170	13755	18340	22925	27510	32095	36680	41265
4586	9172	13758	18344	22930	27516	32102	36688	41274
4587	9174	13761	18348	22935	27522	32109	36696	41283
4588	9176	13764	18352	22940	27528	32116	36704	41292
4589	9178	13767	18356	22945	27534	32123	36712	41301
4591	9182	13773	18364	22955	27546	32137	36728	41319
4592	9184	13776	18368	22960	27552	32144	36736	41328
4593	9186	13779	18372	22965	27558	32151	36744	41337
4594	9188	13782	18376	22970	27564	32158	36752	41346
4595	9190	13785	18380	22975	27570	32165	36760	41355
4596	9192	13788	18384	22980	27576	32172	36768	41364
4597	9194	13791	18388	22985	27582	32179	36776	41373
4598	9196	13794	18392	22990	27588	32186	36784	41382
4599	9198	13797	18396	22995	27594	32193	36792	41391
4601	9202	13803	18404	23005	27606	32207	36808	41409
4602	9204	13806	18408	23010	27612	32214	36816	41418
4603	9206	13809	18412	23015	27618	32221	36824	41427
4604	9208	13812	18416	23020	27624	32228	36832	41436
4605	9210	13815	18420	23025	27630	32235	36840	41445
4606	9212	13818	18424	23030	27636	32242	36848	41454
4607	9214	13821	18428	23035	27642	32249	36856	41463
4608	9216	13824	18432	23040	27648	32256	36864	41472
4609	9218	13827	18436	23045	27654	32263	36872	41481
4611	9222	13833	18444	23055	27666	32277	36888	41499
4612	9224	13836	18448	23060	27672	32284	36896	41508

1	2	3	4	5	6	7	8	9
4613	9226	13839	18452	23065	27678	32291	36904	41517
4614	9228	13842	18456	23070	27684	32298	36912	41526
4615	9230	13845	18460	23075	27690	32305	36920	41535
4616	9232	13848	18464	23080	27696	32312	36928	41544
4617	9234	13851	18468	23085	27702	32319	36936	41553
4618	9236	13854	18472	23090	27708	32326	36944	41562
4619	9238	13857	18476	23095	27714	32333	36952	41571
4621	9242	13863	18484	23105	27726	32347	36968	41589
4622	9244	13866	18488	23110	27732	32354	36976	41598
4623	9246	13869	18492	23115	27738	32361	36984	41607
4624	9248	13872	18496	23120	27744	32368	36992	41616
4625	9250	13875	18500	23125	27750	32375	37000	41625
4626	9252	13878	18504	23130	27756	32382	37008	41634
4627	9254	13881	18508	23135	27762	32389	37016	41643
4628	9256	13884	18512	23140	27768	32396	37024	41652
4629	9258	13887	18516	23145	27774	32403	37032	41661
4631	9262	13893	18524	23155	27786	32417	37048	41679
4632	9264	13896	18528	23160	27792	32424	37056	41688
4633	9266	13899	18532	23165	27798	32431	37064	41697
4634	9268	13902	18536	23170	27804	32438	37072	41706
4635	9270	13905	18540	23175	27810	32445	37080	41715
4636	9272	13908	18544	23180	27816	32452	37088	41724
4637	9274	13911	18548	23185	27822	32459	37096	41733
4638	9276	13914	18552	23190	27828	32466	37104	41742
4639	9278	13917	18556	23195	27834	32473	37112	41751
4641	9282	13923	18564	23205	27846	32487	37128	41769
4642	9284	13926	18568	23210	27852	32494	37136	41778
4643	9286	13929	18572	23215	27858	32501	37144	41787
4644	9288	13932	18576	23220	27864	32508	37152	41796
4645	9290	13935	18580	23225	27870	32515	37160	41805
4646	9292	13938	18584	23230	27876	32522	37168	41814
4647	9294	13941	18588	23235	27882	32529	37176	41823
4648	9296	13944	18592	23240	27878	32536	37184	41832
4649	9298	13947	18596	23245	27894	32543	37192	41841
4651	9302	13953	18604	23255	27906	32557	37208	41859
4652	9304	13956	18608	23260	27912	32564	37216	41868
4653	9306	13959	18612	23265	27918	32571	37224	41877
4654	9308	13962	18616	23270	27924	32578	37232	41886
4655	9310	13965	18620	23275	27930	32585	37240	41895
4656	9312	13968	18624	23280	27936	32592	37248	41904
4657	9314	13971	18628	23285	27942	32599	37256	41913
4658	9316	13974	18632	23290	27948	32606	37264	41922
4659	9318	13977	18636	23295	27954	32613	37272	41931
4661	9322	13983	18644	23305	27966	32627	37288	41949
4662	9324	13986	18648	23310	27972	32634	37296	41958
4663	9326	13989	18652	23315	27978	32641	37304	41967
4664	9328	13992	18656	23320	27984	32648	37312	41976
4665	9330	13995	18660	23325	27990	32655	37320	41985
4666	9332	13998	18664	23330	27996	32662	37328	41994
4667	9334	14001	18668	23335	28002	32669	37336	42003

1	2	3	4	5	6	7	8	9
4668	9336	14004	18672	23340	28008	32676	37344	42012
4669	9338	14007	18676	23345	28014	32683	37352	42021
4671	9342	14013	18684	23355	28026	32697	37368	42039
4672	9344	14016	18688	23360	28032	32704	37376	42048
4673	9346	14019	18692	23365	28038	32711	37384	42057
4674	9348	14022	18696	23370	28044	32718	37392	42066
4675	9350	14025	18700	23375	28050	32725	37400	42075
4676	9352	14028	18704	23380	28056	32732	37408	42084
4677	9354	14031	18708	23385	28062	32739	37416	42093
4678	9356	14034	18712	23390	28068	32746	37424	42102
4679	9358	14037	18716	23395	28074	32753	37432	42111
4681	9362	14043	18724	23405	28086	32767	37448	42129
4682	9364	14046	18728	23410	28092	32774	37456	42138
4683	9366	14049	18732	23415	28098	32781	37464	42147
4684	9368	14052	18736	23420	28104	32788	37472	42156
4685	9370	14055	18740	23425	28110	32795	37480	42165
4686	9372	14058	18744	23430	28116	32802	37488	42174
4687	9374	14061	18748	23435	28122	32809	37496	42183
4688	9376	14064	18752	23440	28128	32816	37504	42192
4689	9378	14067	18756	23445	28134	32823	37512	42201
4691	9382	14073	18764	23455	28146	32837	37528	42219
4692	9384	14076	18768	23460	28152	32844	37536	42228
4693	9386	14079	18772	23465	28158	32851	37544	42237
4694	9388	14082	18776	23470	28164	32858	37552	42246
4695	9390	14085	18780	23475	28170	32865	37560	42255
4696	9392	14088	18784	23480	28176	32872	37568	42264
4697	9394	14091	18788	23485	28182	32879	37576	42273
4698	9396	14094	18792	23490	28188	32886	37584	42282
4699	9398	14097	18796	23495	28194	32893	37592	42291
4701	9402	14103	18804	23505	28206	32907	37608	42309
4702	9404	14106	18808	23510	28212	32914	37616	42318
4703	9406	14109	18812	23515	28218	32921	37624	42327
4704	9408	14112	18816	23520	28224	32928	37632	42336
4705	9410	14115	18820	23525	28230	32935	37640	42345
4706	9412	14118	18824	23530	28236	32942	37648	42354
4707	9414	14121	18828	23535	28242	32949	37656	42363
4708	9416	14124	18832	23540	28248	32956	37664	42372
4709	9418	14127	18836	23545	28254	32963	37672	42381
4711	9422	14133	18844	23555	28266	32977	37688	42399
4712	9424	14136	18848	23560	28272	32984	37696	42408
4713	9426	14139	18852	23565	28278	32991	37704	42417
4714	9428	14142	18856	23570	28284	32998	37712	42426
4715	9430	14145	18860	23575	28290	33005	37720	42435
4716	9432	14148	18864	23580	28296	33012	37728	42444
4717	9434	14151	18868	23585	28302	33019	37736	42453
4718	9436	14154	18872	23590	28308	33026	37744	42462
4719	9438	14157	18876	23595	28314	33033	37752	42471
4721	9442	14163	18884	23605	28326	33047	37768	42489
4722	9444	14166	18888	23610	28332	33054	37776	42498
4723	9446	14169	18892	23615	28338	33061	37784	42507

1	2	3	4	5	6	7	8	9
4724	9448	14172	18896	23620	28344	33068	37792	42516
4725	9450	14175	18900	23625	28350	33075	37800	42525
4726	9452	14178	18904	23630	28356	33082	37808	42534
4727	9454	14181	18908	23635	28362	33089	37816	42543
4728	9456	14184	18912	23640	28368	33096	37824	42552
4729	9458	14187	18916	23645	28374	33103	37832	42561
4731	9462	14193	18924	23655	28386	33117	37848	42579
4732	9464	14196	18928	23660	28392	33124	37856	42588
4733	9466	14199	18932	23665	28398	33131	37864	42597
4734	9468	14202	18936	23670	28404	33138	37872	42606
4735	9470	14205	18940	23675	28410	33145	37880	42615
4736	9472	14208	18944	23680	28416	33152	37888	42624
4737	9474	14211	18948	23685	28422	33159	37896	42633
4738	9476	14214	18952	23690	28428	33166	37904	42642
4739	9478	14217	18956	23695	28434	33173	37912	42651
4741	9482	14223	18964	23705	28446	33187	37928	42669
4742	9484	14226	18968	23710	28452	33194	37936	42678
4743	9486	14229	18972	23715	28458	33201	37944	42687
4744	9488	14232	18976	23720	28464	33208	37952	42696
4745	9490	14235	18980	23725	28470	33215	37960	42705
4746	9492	14238	18984	23730	28476	33222	37968	42714
4747	9494	14241	18988	23735	28482	33229	37976	42723
4748	9496	14244	18992	23740	28488	33236	37984	42732
4749	9498	14247	18996	23745	28494	33243	37992	42741
4751	9502	14253	19004	23755	28506	33257	38008	42759
4752	9504	14256	19008	23760	28512	33264	38016	42768
4753	9506	14259	19012	23765	28518	33271	38024	42777
4754	9508	14262	19016	23770	28524	33278	38032	42786
4755	9510	14265	19020	23775	28530	33285	38040	42795
4756	9512	14268	19024	23780	28536	33292	38048	42804
4757	9514	14271	19028	23785	28542	33299	38056	42813
4758	9516	14274	19032	23790	28548	33306	38064	42822
4759	9518	14277	19036	23795	28554	33313	38072	42831
4761	9522	14283	19044	23805	28566	33327	38088	42849
4762	9524	14286	19048	23810	28572	33334	38096	42858
4763	9526	14289	19052	23815	28578	33341	38104	42867
4764	9528	14292	19056	23820	28584	33348	38112	42876
4765	9530	14295	19060	23825	28590	33355	38120	42885
4766	9532	14298	19064	23830	28596	33362	38128	42894
4767	9534	14301	19068	23835	28602	33369	38136	42903
4768	9536	14304	19072	23840	28608	33376	38144	42912
4769	9538	14307	19076	23845	28614	33383	38152	42921
4771	9542	14313	19084	23855	28626	33397	38168	42939
4772	9544	14316	19088	23860	28632	33404	38176	42948
4773	9546	14319	19092	23865	28638	33411	38184	42957
4774	9548	14322	19096	23870	28644	33418	38192	42966
4775	9550	14325	19100	23875	28650	33425	38200	42975
4776	9552	14328	19104	23880	28656	33432	38208	42984
4777	9554	14331	19108	23885	28662	33439	38216	42993
4778	9556	14334	19112	23890	28668	33446	38224	43002

1	2	3	4	5	6	7	8	9
4779	9558	14337	19116	23895	28674	33453	38232	43011
4781	9562	14343	19124	23905	28686	33467	38248	43029
4782	9564	14346	19128	23910	28692	33474	38256	43038
4783	9566	14349	19132	23915	28698	33481	38264	43047
4784	9568	14352	19136	23920	28704	33488	38272	43056
4785	9570	14355	19140	23925	28710	33495	38280	43065
4786	9572	14358	19144	23930	28716	33502	38288	43074
4787	9574	14361	19148	23935	28722	33509	38296	43083
4788	9576	14364	19152	23940	28728	33516	38304	43092
4789	9578	14367	19156	23945	28734	33523	38312	43101
4791	9582	14373	19164	23955	28746	33537	38328	43119
4792	9584	14376	19168	23960	28752	33544	38336	43128
4793	9586	14379	19172	23965	28758	33551	38344	43137
4794	9588	14382	19176	23970	28764	33558	38352	43146
4795	9590	14385	19180	23975	28770	33565	38360	43155
4796	9592	14388	19184	23980	28776	33572	38368	43164
4797	9594	14391	19188	23985	28782	33579	38376	43173
4798	9596	14394	19192	23990	28788	33586	38384	43182
4799	9598	14397	19196	23995	28794	33593	38392	43191
4801	9602	14403	19204	24005	28806	33607	38408	43209
4802	9604	14406	19208	24010	28812	33614	38416	43218
4803	9606	14409	19212	24015	28818	33621	38424	43227
4804	9608	14412	19216	24020	28824	33628	38432	43236
4805	9610	14415	19220	24025	28830	33635	38440	43245
4806	9612	14418	19224	24030	28836	33642	38448	43254
4807	9614	14421	19228	24035	28842	33649	38456	43263
4808	9616	14424	19232	24040	28848	33656	38464	43272
4809	9618	14427	19236	24045	28854	33663	38472	43281
4811	9622	14433	19244	24055	28866	33677	38488	43299
4812	9624	14436	19248	24060	28872	33684	38496	43308
4813	9626	14439	19252	24065	28878	33691	38504	43317
4814	9628	14442	19256	24070	28884	33698	38512	43326
4815	9630	14445	19260	24075	28890	33705	38520	43335
4816	9632	14448	19264	24080	28896	33712	38528	43344
4817	9634	14451	19268	24085	28902	33719	38536	43353
4818	9636	14454	19272	24090	28908	33726	38544	43362
4819	9638	14457	19276	24095	28914	33733	38552	43371
4821	9642	14463	19284	24105	28926	33747	38568	43389
4822	9644	14466	19288	24110	28932	33754	38576	43398
4823	9646	14469	19292	24115	28938	33761	38584	43407
4824	9648	14472	19296	24120	28944	33768	38592	43416
4825	9650	14475	19300	24125	28950	33775	38600	43425
4826	9652	14478	19304	24130	28956	33782	38608	43434
4827	9654	14481	19308	24135	28962	33789	38616	43443
4828	9656	14484	19312	24140	28968	33796	38624	43452
4829	9658	14487	19316	24145	28974	33803	38632	43461
4831	9662	14493	19324	24155	28986	33817	38648	43479
4832	9664	14496	19328	24160	28992	33824	38656	43488
4833	9666	14499	19332	24165	28998	33831	38664	43497
4834	9668	14502	19336	24170	29004	33838	38672	43506

1	2	3	4	5	6	7	8	9
4835	9670	14505	19340	24175	29010	33845	38680	43515
4836	9672	14508	19344	24180	29016	33852	38688	43524
4837	9674	14511	19348	24185	29022	33859	38696	43533
4838	9676	14514	19352	24190	29028	33866	38704	43542
4839	9678	14517	19356	24195	29034	33873	38712	43551
4841	9682	14523	19364	24205	29046	33887	38728	43569
4842	9684	14526	19368	24210	29052	33894	38736	43578
4843	9686	14529	19372	24215	29058	33901	38744	43587
4844	9688	14532	19376	24220	29064	33908	38752	43596
4845	9690	14535	19380	24225	29070	33915	38760	43605
4846	9692	14538	19384	24230	29076	33922	38768	43614
4847	9694	14541	19388	24235	29082	33929	38776	43623
4848	9696	14544	19392	24240	29088	33936	38784	43632
4849	9698	14547	19396	24245	29094	33943	38792	43641
4851	9702	14553	19404	24255	29106	33957	38808	43659
4852	9704	14556	19408	24260	29112	33964	38816	43668
4853	9706	14559	19412	24265	29118	33971	38824	43677
4854	9708	14562	19416	24270	29124	33978	38832	43686
4855	9710	14565	19420	24275	29130	33985	38840	43695
4856	9712	14568	19424	24280	29136	33992	38848	43704
4857	9714	14571	19428	24285	29142	33999	38856	43713
4858	9716	14574	19432	24290	29148	34006	38864	43722
4859	9718	14577	19436	24295	29154	34013	38872	43731
4861	9722	14583	19444	24305	29166	34027	38888	43749
4862	9724	14586	19448	24310	29172	34034	38896	43758
4863	9726	14589	19452	24315	29178	34041	38904	43767
4864	9728	14592	19456	24320	29184	34048	38912	43776
4865	9730	14595	19460	24325	29190	34055	38920	43785
4866	9732	14598	19464	24330	29196	34062	38928	43794
4867	9734	14601	19468	24335	29202	34069	38936	43803
4868	9736	14604	19472	24340	29208	34076	38944	43812
4869	9738	14607	19476	24345	29214	34083	38952	43821
4871	9742	14613	19484	24355	29226	34097	38968	43839
4872	9744	14616	19488	24360	29232	34104	38976	43848
4873	9746	14619	19492	24365	29238	34111	38984	43857
4874	9748	14622	19496	24370	29244	34118	38992	43866
4875	9750	14625	19500	24375	29250	34125	39000	43875
4876	9752	14628	19504	24380	29256	34132	39008	43884
4877	9754	14631	19508	24385	29262	34139	39016	43893
4878	9756	14634	19512	24390	29268	34146	39024	43902
4879	9758	14637	19516	24395	29274	34153	39032	43911
4881	9762	14643	19524	24405	29286	34167	39048	43929
4882	9764	14646	19528	24410	29292	34174	39056	43938
4883	9766	14649	19532	24415	29298	34181	39064	43947
4884	9768	14652	19536	24420	29304	34188	39072	43956
4885	9770	14655	19540	24425	29310	34195	39080	43965
4886	9772	14658	19544	24430	29316	34202	39088	43974
4887	9774	14661	19548	24435	29322	34209	39096	43983
4888	9776	14664	19552	24440	29328	34216	39104	43992
4889	9778	14667	19556	24445	29334	34223	39112	44001

	2	3	4	5	6	7	8	9
4891	9782	14673	19564	24455	29346	34237	39128	44019
4892	9784	14676	19568	24460	29352	34244	39136	44028
4893	9786	14679	19572	24465	29358	34251	39144	44037
4894	9788	14682	19576	24470	29364	34258	39152	44046
4895	9790	14685	19580	24475	29370	34265	39160	44055
4896	9792	14688	19584	24480	29376	34272	39168	44064
4897	9794	14691	19588	24485	29382	34279	39176	44073
4898	9796	14694	19592	24490	29388	34286	39184	44082
4899	9798	14697	19596	24495	29394	34293	39192	44091
4901	9802	14703	19604	24505	29406	34307	39208	44109
4902	9804	14706	19608	24510	29412	34314	39216	44118
4903	9806	14709	19612	24515	29418	34321	39224	44127
4904	9808	14712	19616	24520	29424	34328	39232	44136
4905	9810	14715	19620	24525	29430	34335	39240	44145
4906	9812	14718	19624	24530	29436	34342	39248	44154
4907	9814	14721	19628	24535	29442	34349	39256	44163
4908	9816	14724	19632	24540	29448	34356	39264	44172
4909	9818	14727	19636	24545	29454	34363	39272	44181
4911	9822	14733	19644	24555	29466	34377	39288	44199
4912	9824	14736	19648	24560	29472	34384	39296	44208
4913	9826	14739	19652	24565	29478	34391	39304	44217
4914	9828	14742	19656	24570	29484	34398	39312	44226
4915	9830	14745	19660	24575	29490	34405	39320	44235
4916	9832	14748	19664	24580	29496	34412	39328	44244
4917	9834	14751	19668	24585	29502	34419	39336	44253
4918	9836	14754	19672	24590	29508	34426	39344	44262
4919	9838	14757	19676	24595	29514	34433	39352	44271
4921	9842	14763	19684	24605	29526	34447	39368	44289
4922	9844	14766	19688	24610	29532	34454	39376	44298
4923	9846	14769	19692	24615	29538	34461	39384	44307
4924	9848	14772	19696	24620	29544	34468	39392	44316
4925	9850	14775	19700	24625	29550	34475	39400	44325
4926	9852	14778	19704	24630	29556	34482	39408	44334
4927	9854	14781	19708	24635	29562	34489	39416	44343
4928	9856	14784	19712	24640	29568	34496	39424	44352
4929	9858	14787	19716	24645	29574	34503	39432	44361
4931	9862	14793	19724	24655	29586	34517	39448	44379
4932	9864	14796	19728	24660	29592	34524	39456	44388
4933	9866	14799	19732	24665	29598	34531	39464	44397
4934	9868	14802	19736	24670	29604	34538	39472	44406
4935	9870	14805	19740	24675	29610	34545	39480	44415
4936	9872	14808	19744	24680	29616	34552	39488	44424
4937	9874	14811	19748	24685	29622	34559	39496	44433
4938	9876	14814	19752	24690	29628	34566	39504	44442
4939	9878	14817	19756	24695	29634	34573	39512	44451
4941	9882	14823	19764	24705	29646	34587	39528	44469
4942	9884	14826	19768	24710	29652	34594	39536	44478
4943	9886	14829	19772	24715	29658	34601	39544	44487
4944	9888	14832	19776	24720	29664	34608	39552	44496
4945	9890	14835	19780	24725	29670	34615	39560	44505

1	2	3	4	5	6	7	8	9
4946	9892	14838	19784	24730	29676	34622	39568	44514
4947	9894	14841	19788	24735	29682	34629	39576	44523
4948	9896	14844	19792	24740	29688	34636	39584	44532
4949	9898	14847	19796	24745	29694	34643	39592	44541
4951	9902	14853	19804	24755	29706	34657	39608	44559
4952	9904	14856	19808	24760	29712	34664	39616	44568
4953	9906	14859	19812	24765	29718	34671	39624	44577
4954	9908	14862	19816	24770	29724	34678	39632	44586
4955	9910	14865	19820	24775	29730	34685	39640	44595
4956	9912	14868	19824	24780	29736	34692	39648	44604
4957	9914	14871	19828	24785	29742	34699	39656	44613
4958	9916	14874	19832	24790	29748	34706	39664	44622
4959	9918	14877	19836	24795	29754	34713	39672	44631
4961	9922	14883	19844	24805	29766	34727	39688	44649
4962	9924	14886	19848	24810	29772	34734	39696	44658
4963	9926	14889	19852	24815	29778	34741	39704	44667
4964	9928	14892	19856	24820	29784	34748	39712	44676
4965	9930	14895	19860	24825	29790	34755	39720	44685
4966	9932	14898	19864	24830	29796	34762	39728	44694
4967	9934	14901	19868	24835	29802	34769	39736	44703
4968	9936	14904	19872	24840	29808	34776	39744	44712
4969	9938	14907	19876	24845	29814	34783	39752	44721
4971	9942	14913	19884	24855	29826	34797	39768	44739
4972	9944	14916	19888	24860	29832	34804	39776	44748
4973	9946	14919	19892	24865	29838	34811	39784	44757
4974	9948	14922	19896	24870	29844	34818	39792	44766
4975	9950	14925	19900	24875	29850	34825	39800	44775
4976	9952	14928	19904	24880	29856	34832	39808	44784
4977	9954	14931	19908	24885	29862	34839	39816	44793
4978	9956	14934	19912	24890	29868	34846	39824	44802
4979	9958	14937	19916	24895	29874	34853	39832	44811
4981	9962	14943	19924	24905	29886	34867	39848	44829
4982	9964	14946	19928	24910	29892	34874	39856	44838
4983	9966	14949	19932	24915	29898	34881	39864	44847
4984	9968	14952	19936	24920	29904	34888	39872	44856
4985	9970	14955	19940	24925	29910	34895	39880	44865
4986	9972	14958	19944	24930	29916	34902	39888	44874
4987	8974	14961	19948	24935	29922	34909	39896	44883
4988	9976	14964	19952	24940	29928	34916	39904	44892
4989	9978	14967	19956	24945	29934	34923	39912	44901
4991	9982	14973	19964	24955	29946	34937	39928	44919
4992	9984	14976	19968	24960	29952	34944	39936	44928
4993	9986	14979	19972	24965	29958	34951	39944	44937
4994	9988	14982	19976	24970	29964	34958	39952	44946
4995	9990	14985	19980	24975	29970	34965	39960	44955
4996	9992	14988	19984	24980	29976	34972	39968	44964
4997	9994	14991	19988	24985	29982	34979	39976	44973
4998	9996	14994	19992	24990	29988	34986	39984	44982
4999	9998	14997	19996	24995	29994	34993	39992	44991
4888								
4889